普通高等教育工业设计专业“十二五”规划教材

新产品设计开发

主　编　王俊涛　肖　慧
副主编　张　焱　刘　婷　杨　梅
范大伟　李　辉

中国水利水电出版社
www.waterpub.com.cn
·北京·

内容提要

《新产品设计开发》较全面地论述了新产品开发的基本理论、设计方法和实践操作，并将工程知识引入该教材，如价值工程、并行工程等；对世界各国和地区优良设计评选、知名大赛作以介绍，并借鉴其对设计的评价标准，帮助学生树立竞争意识，勇于挑战自我，参加国际大赛。通过引入国家及相关行业标准，让学生了解相关知识，并将“专利和知识产权”内容单独拿出设立章节，教学生如何申报专利及维护转让知识。全书共分7章，包括产品开发设计概论、规划组织、步骤方法、评价、法律法规及成功案例分析，全书的最后还列举了设计相关资源供读者参考学习。

本教材适用于工业设计和产品设计专业的师生作为基础课教材，也可供有兴趣的读者作为参考。

本教材教学辅导课件可在 http://www.waterpub.com.cn/softdown 查阅下载。

图书在版编目（CIP）数据

新产品设计开发 / 王俊涛，肖慧主编. -- 北京 : 中国水利水电出版社，2011.7（2021.6重印）
普通高等教育工业设计专业“十二五”规划教材
ISBN 978-7-5084-8633-8

Ⅰ. ①新… Ⅱ. ①王… ②肖… Ⅲ. ①产品设计－高等学校－教材②产品开发－高等学校－教材 Ⅳ. ①TB472

中国版本图书馆CIP数据核字(2011)第115768号

书　名	普通高等教育工业设计专业“十二五”规划教材 **新产品设计开发**
作　者	主编　王俊涛　肖慧　副主编　张焱　刘婷　杨梅　范大伟　李辉
出版发行	中国水利水电出版社 （北京市海淀区玉渊潭南路1号D座　100038） 网址：www.waterpub.com.cn E-mail：sales@waterpub.com.cn 电话：（010）68367658（营销中心）
经　售	北京科水图书销售中心（零售） 电话：（010）88383994、63202643、68545874 全国各地新华书店和相关出版物销售网点
排　版	北京时代澄宇科技有限公司
印　刷	清淞永业（天津）印刷有限公司
规　格	210mm×285mm　16开本　9.75印张　247千字
版　次	2011年7月第1版　2021年6月第4次印刷
印　数	7001—9000册
定　价	40.00元

丛书编写委员会

普通高等教育工业设计专业“十二五”规划教材
参编院校

清华大学美术学院
江南大学设计学院
北京服装学院
北京工业大学
北京科技大学
北京理工大学
大连民族学院
鲁迅美术学院
上海交通大学
杭州电子科技大学
山东工艺美术学院
山东建筑大学
山东科技大学
东华大学
广州大学
河海大学
南京航空航天大学
郑州大学
长春工程学院
浙江农林大学
兰州理工大学
辽宁工业大学
浙江树人大学
南昌航空大学
天津理工大学
哈尔滨理工大学
中国矿业大学
佳木斯大学
浙江理工大学
青岛科技大学
中国海洋大学
陕西理工大学
嘉兴学院
中南大学
杭州职业技术学院
浙江工商职业技术学院
义乌工商学院
郑州航空工业管理学院
中国计量学院
中国石油大学
长春工业大学
天津工业大学
昆明理工大学
北京工商大学
扬州大学
广东海洋大学
南昌大学

序

Foreword

工业设计的专业特征体现在其学科的综合性、多元性及系统复杂性上，设计创新需符合多维度的要求，如用户需求、技术规则、经济条件、文化诉求、管理模式及战略方向等，许许多多的因素影响着设计创新的成败，较之艺术设计领域的其他学科，工业设计专业对设计人才的思维方式、知识结构、掌握的研究与分析方法、运用专业工具的能力，都有更高的要求，特别是现代工业设计的发展，在不断向更深层次延伸，愈来愈呈现出与其他更多学科交叉、融合的趋势。通用设计、可持续设计、服务设计、情感化设计等设计的前沿领域，均表现出学科大融合的特征，这种设计发展趋势要求我们对传统的工业设计教育做出改变。同传统设计教育的重技巧、经验传授，重感性直觉与灵感产生的培养训练有所不同，现代工业设计教育更加重视知识产生的背景、创新过程、思维方式、运用方法，以及培养学生的创造能力和研究能力，因为工业设计人才的能力是发现问题的能力、分析问题的能力和解决问题的能力综合构成的，具体地讲就是选择吸收信息的能力、主体性研究问题的能力、逻辑性演绎新概念的能力、组织与人际关系的协调能力。学生们这些能力的获得，源于系统科学的课程体系和渐进式学程设计。十分高兴的是，即将由中国水利水电出版社出版的"普通高等教育'十二五'规划教材"，有针对性地为工业设计课程教学的教师和学生增加了学科前沿的理论、观念及研究方法等方面的知识，为通过专业课程教学提高学生的综合素质提供了基础素材。

这套教材从工业设计学科的理论建构、知识体系、专业方法与技能的整体角度，建构了系统、完整的专业课程框架，此一种框架既可以被应用于设计院校的工业设计学科整体课程构建与组织，也可以应用于工业设计课程的专项知识与技能的传授与培训，使学习工业设计的学生能够通过系统性的课程学习，以基于探究式的项目训练为主导、社会化学习的认知过程，学习和理解工业设计学科的理论观念，掌握设计创新活动的程序方法，构建支持创新的知识体系并在项目实践中完善设计技能，"活化"知识。同时，这套教材也为国内众多的设计院校提供了专业课程教学的整体框架、具体的课程教学内容以及学生学习的途径与方法。

这套教材的主要成因，缘起于国家及社会对高质量创新型设计人才的需求，以及目前我国新设工业设计专业院校现实的需要。在过去的二十余年里，我国新增数百所设立工业设计专业的高等院校，在校学习工业设计的学生人数众多，亟需系统、规范的教材为专业教学提供支撑，因为设计创新是高度复杂的活动，需要设计者集创造力、分析力、经验、技巧和跨学科的知识于一起，才能走上成功的路径。这样的人才培养目标，需要我们的设计院校在教育理念和哲学思考上做出改变，以学习者为核心，所有的教学活动围绕学生个体的成长，在专业教学中，以增进学生们的创造力为目标，以工业设计学科的基本结构为教学基础内容，以促进学生再发现为学习的途径，以深层化学习为方法，以跨学科探究为手段，以个性化的互动为教学方式，使我们的学生在高校的学习中获得工业设计理论观念、专业精神、知识技能以及国际化视野。这套教材是实现这个教育目标的基石，好的教材结合教师合理的学程设计能够极大地提高学生们的学习效率。

改革开放以来，中国的发展速度令世界瞩目，取得了前人无以比拟的成就，但我们应当清醒地认识到，这是以量为基础的发展，我们的产品在国际市场上还显得竞争力不足，企业的设计与研发能力薄弱，产品的设计水平同国际先进水平仍有差距。今后我国要实现以高新技术产业为先导的新型产业结构，在质量上同发达国家竞争，企业只有通过设计的战略功能和创新的技术突破，创造出更多自主品牌价值，才能使中国品牌走向世界并赢得国际市场，中国企业也才能成为具有世界性影响的企业。而要实现这一目标，关键是人才的培养，需要我们的高等教育能够为社会提供高质量的创新设计人才。

从经济社会发展的角度来看，全球经济一体化的进程，对世界各主要经济体的社会、政治、经济产生了持续变革的压力，全球化的市场为企业发展提供了广阔的拓展空间，同时也使商业环境中的竞争更趋于激烈。新的技术及新的产品形式不断产生，每个企业都要进行持续的创新，以适应未来趋势的剧烈变化，在竞争的商业环境中确立自己的位置。在这样变革的压力下，每个企业都将设计创新作为应对竞争压力的手段，相应地对工业设计人员的综合能力有了更高的要求，包括创新能力、系统思考能力、知识整合能力、表达能力、团队协作能力及使用专业工具与方法的能力。这样的设计人才规格诉求，是我们的工业设计教育必须努力的方向。

从宏观上讲，工业设计人才培养的重要性，涉及的不仅是高校的专业教学质量提升，也不仅是设计产业的发展和企业的效益与生存，它更代表了中国未来发展的全民利益，工业设计的发展与时俱进，设计的理念和价值已经渗入人类社会生活的方方面面，在生产领域，设计创新赋予企业以科学和充满活力的产品研发与管理机制；在商业流通领域，设计创新提供经济持续发展的动力和契机；在物质生活领域，设计创新引导民众健康的消费理念和生活方式；在精神生活领域，设计创新传播时代先进文化与科技知识并激发民众的创造力。今后，设计创新活动将变得更加重要和普及，工业设计教育者以及从事设计活动的组织在今天和将来都承担着文化和社会责任。

中国目前每年从各类院校中走出数量庞大的工业设计专业毕业生，这反映了国家在社会、经济以及文化领域等方面发展建设的现实需要，大量的学习过设计创新的年轻人在各行各业中发挥着他们的才干，这是一个很好的起点。中国要由制造型国家发展成为创新型国家，还需要大量的、更高质量的、充满创造热情的创新设计人才，人才培养的主体在大学，中国的高等院校要为未来的社会发展提供人才输出和储备，一切目标的实现皆始于教育。期望这套教材能够为在校学习工业设计的学生及工业设计教育者提供参考素材，也期望设计教育与课程学习的实践者，能够在教学应用中对它做出发展和创新。教材仅是应用工具，是专业课程教学的组成部分之一，好的教学效果更多的还是来自于教师正确的教学理念、合理的教学策略及同学习者的良性互动方式上。

2011 年 5 月

于清华大学美术学院

前 言

Preface

产品开发与设计是一个具有创造性的、综合信息处理的过程。它是将人的某种目的或需要转换为一个具体的物理形式或工具的过程，是把一种计划、规划设想、问题解决的方法，通过具体的载体，以美好的形式表达出来。随着中国对外贸易的快速发展，中国面临的国际竞争也日益激烈。产品开发与设计在企业竞争中显得尤为重要。本书从产品设计的角度探索隐藏在产品开发创新中的“秘密”。力求引领设计师进入创新的世界，探求产品开发设计是怎样从构思、可行性研究、功能设计、制造设计、审核、测试并最终成为现实产品。

本教材是普通高等院校工业设计专业“十二五”规划教材，在参考国内外大量文献和优秀设计案例，并结合各位编者近 10 年对产品开发与设计教学及设计实践经验的基础上编写而成。书中较全面地论述了产品开发与设计的基本理论、设计方法、实践操作，尽量做到理论联系实际。并将工程知识引入该教材，如价值工程、并行工程等。对世界各国和地区优良的设计评选、知名大赛作介绍，借鉴其对设计的评价标准。让学生树立竞争意识，勇于挑战自我，参加国际大赛，让中国的设计真正走向世界！通过引入国家及相关行业标准，让学生了解相关知识，并将“专利和知识产权”内容单独拿出来设立章节，教学生如何申报专利及维护转让知识。使学生在校期间即树立专利申报意识，杜绝作品剽窃、抄袭现象。“产品开发的成功案例分析”选取最具代表性的产品类别。案例由国内外工业设计领域顶尖单位提供支持，第 7 章还有作者近 10 年搜集整理的相关设计资源网站 300 余个，为扩展专业学习提供更广阔的空间。本教材可作为高等学校工业设计专业课程的教材及相关专业研究生、本科生阅读和参考，还可作为工程技术人员和设计人员进行产品开发与设计的参考资料。

本书共分 7 章，第 1 章、第 6 章、第 7 章由山东科技大学王俊涛编写；第 2 章由山东工艺美术学院张焱、山东建筑大学刘婷编写；第 3 章由南京航空航天大学范大伟、王新燕编写；第 4 章的第 1 ~ 3 节由郑州大学李辉编写，第 4 节由山东科技大学杨梅、赵海涛编写；第 5 章由中国石油大学胜利学院肖慧编写。全书由王俊涛、肖慧担任主编并统稿。

本教材在编写过程中得到了清华大学美术学院工业设计系主任刘振生教授，江南大学设计学院副院长李世国教授，教育部工业设计指导委员会委员、山东工艺美术学院工业设计研究所所长王智教授，山东工艺美术学院工业设计学院院长彭冬梅教授、副院长王向勤、韩文涛教授，山东大学工业设计系主任刘和山教授，山东轻工业学院艺术学院院长魏嘉教授，鲁迅美术学院工业设计系副主任薛文凯教授，山东科技大学艺术与设计学院院长刘元法教授、孟鸣教授、王书侠教授、呙智强教授的指导以及工业设计系全体教师的支持与帮助。在此谨对所有帮助支持本书编写工作的单位、专家学者表示最真诚的感谢！并对中国水利水电出版社编辑的信任与支持致以最深的谢意！

尽管所有参编人员为本书的完成付出了极大的努力，书中错误和疏漏，恳请读者批评指正。

王俊涛于青岛

2010年10月

目录

Contents

第1章

Chapter1

产品开发设计概论

1.1　产品开发的目的及意义

1.1.1　什么是新产品

1.1.1.1　概念

新产品指采用新技术原理、新设计构思研制、生产的全新产品，或在结构、材质、工艺等某一方面比原有产品有明显改进，从而显著提高了产品性能或扩大了使用功能的产品。从市场营销的角度看，凡是企业向市场提供的过去没有生产过的产品都叫新产品。具体地说，只要是产品整体概念中的任何一部分的变革或创新，并且给消费者带来新的利益、新的满足的产品，都可以认为是一种新产品。

1.1.1.2　特征

1. 新颖性

一个产品之所以可以归入新产品的范围，就说明它在技术性能、结构、指标上与现有产品相比具有一定的先进性。产品或者采用了新原理、新结构、新材料、新工艺、新技术、新元件，或者具有新功能、新性能、更高质量、外观新颖等，新产品的新颖性可以是具备上述“新”中的全部，也可以是其中的一项或几项。新产品所在地域的分类，就是根据产品的新颖性程度来划分的（见图 1–1）。

图 1–1　自由移动音乐机器人——AMP（美国 Hasbro 公司）

AMP 机器人高度为 76cm，重约 6.8kg，其上安装有 3 个用于播放音乐的扬声器。在 AMP 的背部设置有 1 个用于安放 MP3 音乐播放器的特殊装置，播放器可通过 3.5mm 的标准接口与机器人相连接。AMP 可以只依靠两个轮子便可自由行进（机器人上安装有一套用于保持平衡的陀螺仪），所用原理与著名的 Segway 电动代步车非常相似。

2. 先进性

新产品的先进性主要表现在由新技术、新材料产生的先进性，或由已有技术、经验技术和改进技术综合产生的先进性。例如：1992 年，日本佳能公司利用红外光技术生产出具有眼控对焦功能的 EOS5 单反相机。“眼控对焦技术”是佳能公司首创的一种全新的“人—机”摄影控制方式，曾经在国际摄影界引起了很大的轰动。EOS5 之所以能够获得成功，是因为在自动对焦技术中开发应用了眼控技术，这是照相机发展的一个里程碑。美国 Segway 公司的单人双轮智能代步车，自 2001 年面世以来迅速风靡全球。该车采用精密的动力和稳定技术，依靠集成固态速率陀螺仪和倾向传感器的平衡传感系统，会在智能动力控制器指令下高度仿真驾驶人的运动过程，通过驾驶者的身体运动来驱动和改变运行的方向（见图 1–2）。

图 1–2　Segway 电动代步车（设计者：Dean Kamen，Segway 公司创始人兼董事长）

3. 经济性

经济性是指产品的设计、制造、使用等各方面所付出或所消耗成本的程度。同时，亦包含其可获得经济利益的程度，即投入与产出的效益能力。

开发新产品是一项巨大的工程，回收投资并获取相应的利润，是企业对新产品的合理要求。同样，当开发产品的投资转化为成本并以价格的形式被消费者买单时，“物有所值”是消费者对所购商品的合理要求。产品的效益性是新产品层出不穷的真正原因。通常，一种新产品产生的效益越高，其开发扩散的速度越快（见图 1–3）。

图 1–3　作品“材料的本质”家具设计（设计者：Ran Amitai，以色列，bakery 公司）

4. 风险性

新产品有三方面的风险：技术风险性、市场风险性和效益风险性。

（1）技术风险性尤其是指采用新技术制造新产品而存在的风险，因有时新技术在原理上是可行的，实验室内也可能是成功的，但该技术在生产实践中能否就此形成生产能力则不一定，因而使新产品存在一定的风险。

（2）市场风险性是指新产品面市后是否有顾客前来购买、需求与生产能力是否匹配。

（3）效益风险性是指所开发的新产品在收回开发投资后的获利情况，与开发其他新产品比较，其利润是否是合理的，新产品的效益预测不确定将造成效益风险。

2010 年手机贵族品牌 Vertu 发布了与日本漆艺家室濑和美合作的四款手机，如图 1-4 所示，这四款手机“醍醐、锦光、菊水、南天”代表了四季。数字产品与“漆器艺术”结合后，售价 2000 万日元，约合人民币 148 万元。室濑和美将此系列命名为吉祥，即带有好兆头的含义，而四款不同季节设计的手机分别命名为：醍醐（意为春天京都华丽的樱花盛宴）、锦光（唐花唐草花纹以及夏日的阳光）、菊水（按字义为日本秋天的菊花，日本重阳节喝菊花水以求长寿）、南天（南天竹，初夏白花冬天变红叶的常绿观叶植物）。

法国厂商推出的全机械奢侈手表手机 Celsius X-VI-II 采用了顶级机械制表工艺来展示出手机的奢侈感受，如图 1-5 所示。该手机采用翻盖设计，透明外壳下是全手工顶级机械机芯手表显示，机身采用铂金和钛等贵金属作为表面材质，其售价约为 27.5 万美元。

图 1-4　2010 年诺基亚“VERTU Signature 吉祥”系列手机
（从左至右依次名为：醍醐、锦光、菊水、南天）

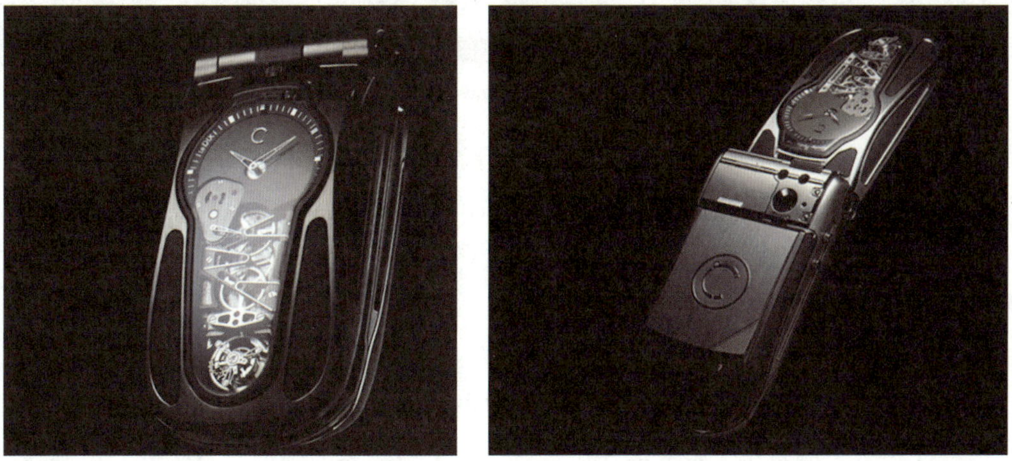

图 1-5　手表手机 Celsius X-VI-II（法国）

1.1.1.3 新产品类型

1. 全新产品

全新产品是指应用科技新成果，运用新原理、新技术、新工艺和新材料制造的市场上前所未有的产品。全新产品一般是由于科技进步或为满足市场上出现的新的需求而发明的产品，具有明显的新特征和新性能，甚至能改变用户或消费者的生产方式或消费方式。但全新产品的开发难度大，开发时间长，需大量投入，成功率低。一旦成功，用户和消费者也还需要有一个适应接受和普及推广的过程（见图 1–6）。

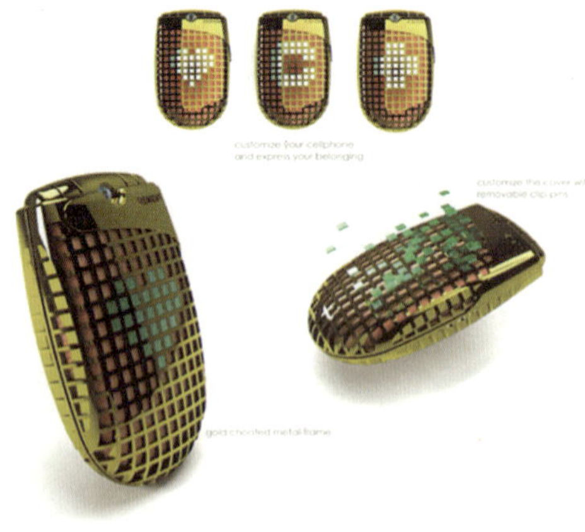

图 1–6 手机设计

2. 换代产品

换代产品指在原有产品的基础上，采用或部分采用新技术、新材料、新工艺研制出来的新产品。更新换代产品与原有产品相比，其产品性能有了一定改进，质量也有了相应提高。它适应了时代发展的步伐，也有利于满足消费者日益增长的物质需要（见图 1–7）。

图 1–7 奥迪 A9 概念车

奥迪 A9 概念车是由西班牙设计师 Daniel Garcia 开发的一款未来豪华运动旗舰轿车。车的形态有部分灵感来自于 Santiago Calatrava“艺术科学城（The City of Arts and Sciences）”建筑群的影响，而这组建筑群正位于 Garcia 的故乡巴伦西亚。奥迪 A9 概念车的车身甚至还有独特的“电子车漆”系统，这就意味着按一个按钮就可以改变车身的颜色。

3. 改进产品

改进产品指对老产品的性能、结构、功能加以改进，使其与老产品有较显著的优点。与换代产品相比，改进产品受技术限制较小，且成本相对较低，便于市场推广和消费者接受，但容易被竞争者模仿（见图 1–8）。

Lomo 是一个缩写，20 世纪 50 年代在苏联圣彼得堡有一个专门生产军事光学镜片的工厂——列宁格勒光学仪器厂，它是俄罗斯最大的光学仪器生产厂。LOMO LC-A 是该厂在前苏联时期研制生产的 35mm 自动曝光旁轴相机。而现在 Lomo 有了新含义，Lomo 是“Let Our life be Magic and Open 让我们的生活开放、有魔力”。Lomo= 拉玛、乐魔、裸猫……乐摸！尽管翻译版本繁多，但是在中国香港和台湾，Lomo 的爱好者们给它起了一个恰当的中文名字——乐摸——让我们快乐地抚摸生活！

图 1-8　Lomo 相机芭比系列——花仙子姐姐

1.1.1.4　产品构成要素

1. 功能

功能是指产品所具有的效用，并被接受的能力，产品只有具备某种特定的功能才有可能进行生产和销售。因此，产品实质上就是功能的载体，实现功能是产品设计的最终目的，而功能的承载者是产品实体结构。产品的设计过程中的一切手段和方法，实际上是针对依附于产品实体的功能而进行的，功能是产品的实质。产品的销售过程只是以实体形式进行的，而用户所购买的都是依附于产品实体之上的功能。在支撑产品系统的诸要素中，功能要素是首要的，因为它对产品以及整个系统起决定性作用（见图 1-9）。

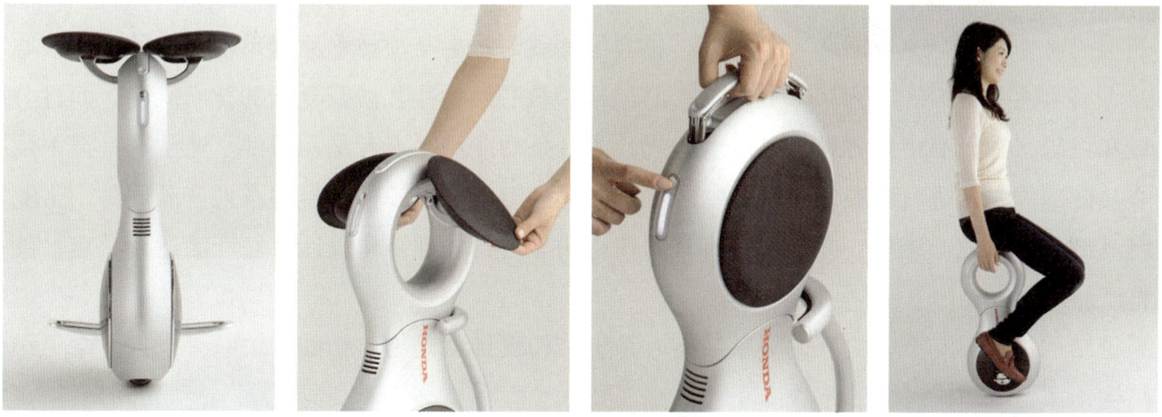

图 1-9　Honda 单轮车机器人 U3-X

对产品的功能分析，是为后续的设计过程设计具体目标。具体实现功能目标的设计过程就是功能设计。功能分析是以抽象的手段进行功能开发，而功能设计则是以具体的形式进行载体设计。

产品及其零部件或构成要素，往往需要若干个功能，它们所承担的角色不同，而且使用性质也不同，因此，需要加以分类区别，以便在进行功能分析时区别对待。产品功能根据消费者需求目的、重要性、消费满意度等可以分为：使用功能和心理功能，主要功能和附加功能，必要功能和不必要功能。

2. 结构

如果说功能是系统与环境的外部联系，那么结构就是系统内部诸要素的联系。功能是产品设计的目的，而结构是产品功能的承担者，产品结构决定产品功能的实现。结构既是功能的承担者，又是形式的承担者。因此，产品结构必然受到材料、工程、工艺、商品使用环境等多方面的制约。其中，材料与工艺有着直接的影响。这一点，另有专用教材和文献可供参考（见图 1-10）。

图 1-10　组合式 Mini 砧板

图 1-11　佳能 EOS-1D MarkII 结构图

产品结构包含外部结构、内部结构、系统结构。

外部结构不仅仅指外观造型，而是包括与此相关的整体结构。外部结构是通过材料和形式来体现的。

外部结构是外部形式的承担者，同时也是内在功能的传达者，它通过整体结构使产品各个部件发挥功能。一般情况下外观结构不承担产品的核心功能；而有些情况下，外面结构本身就是核心功能的承担者，其结构形式直接与产品效用相关。有些外部结构既是外观又是核心功能，具有双重意义（见图 1-11）。

核心结构就是指由某项技术原理系统形成的具有核心功能的产品结构。核心结构往往涉及复杂的技术问题，而且分属不同领域和系统，在产品中以各种形式产生功效，或者是功能块，或者是元器件。通常这种技术性很强的核心功能部件是要进行专业化生产的生产厂家或部门专门提供各种型号的系列产品部件，工业设计就是将其部件作为核心结构，并依据其所有的核心功能进行外部结构设计，使产品达到一定性能，形成完整产品。

系统结构指产品与产品之间的关系结构，系统结构设计就是物与物的“关系”设计，常见结构有分体结构、系列结构、网络结构。

3. 形态

苍茫大地，万物滋生，体态万千……环顾四周，我们的世界无非由两种形态组成：一种是自然形态，如动物、植物等；另一种是人工形态，包括人工产品、符号设计和系统设计等。形态不只是物体的外形，也包括物体的内在结构，即从中可以反映内在的质、组织、结构、内涵等。在形态的研究中，自然物的外形并不比其内在的结构与力量来得重要，因为我们看自然物时，不仅利用视觉，也要借助思维，去洞察这个结构和力量。理性分析，可将形态分为两种：一种是直接知觉的形态，即看得见也摸得着，如文字、图形、草木等，称为显示形态；另一种是非直接知觉的形态，即在习惯性思维中，凭想象而获得的形态，它存在于我们的观念中，称为观念形态。显示形态有自然的也有人为的，可分为自然形态和人为形态两种，而所有的人为形态的创作规律，都是人感知自然并从自然的形态形成规律中认识、分析和总结出来的（见图 1-12）。

设计师在进行产品形态构想时，为了加强形态的说服力和感染力，而采用某些自然物或人造物的形态特征，使所创造的形态产生联想作用；或者设计者把握产品的功能和特性，与某种自然物或人造物的形态联系起来，使产品形态具有某种象征意义，这些都是常用的设计手法（见图 1–13）。

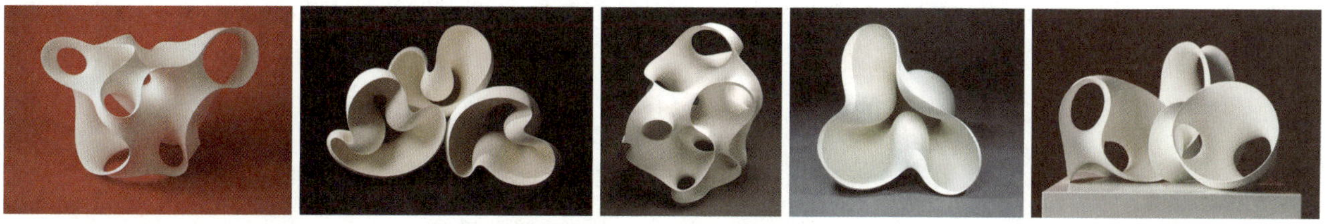

图 1–12　Eva Hild 的陶瓷艺术

图 1–13　Appetime Pips 水果手表系列

Appetime 创立于 2000 年，以色彩鲜艳及设计独特而攻陷日本年轻人市场。虽然这个名为 Pips 的水果手表系列功能一般，不过其只有 38 克的重量，配上其 Q 感十足的造型，以不同的水果为设计灵感，外观特点鲜明、新颖时尚。手表机芯均由精工电子在日本生产，表带采用高档聚酯塑胶材料。

4. 材质

在客观世界中，各种现实形态都具有肌理特征。如木头、石头、砖、煤炭、铸铁、不锈钢、塑料、陶瓷、纸张、棉布等各种不同的物质都具有不同的肌理特征。人们对于肌理特征的感觉叫做肌理感。肌理感又可以分为触觉肌理美感和视觉肌理美感两种类型。触觉肌理美感是指通过人的手或身体直接触摸或接触现实形态后，所感受到的物体表面组织构造、纹理等触觉特征；视觉肌理美感是指单纯用眼睛观看现实形态时所感觉到的肌理幻觉。例如，沙滩、草地、玻璃、皮革、塑料、地毯等各种触觉肌理特征不同的形态，通过摄影被印刷成书上的图片之后，在相同的纸上已经没有了触觉肌理的差别了。可是，当我们在观看这些触觉肌理相同、摄影内容各异的一系列图片时，能够让我们感觉到不同的肌理印象，形成与图片中形象内容相统一的，或松软、或坚硬、或粗糙、或光华、或冰凉、或温暖等不同于纸张本身触觉肌理特征的视觉感觉（见图 1–14）。

图 1–14　梦幻圆桌（材质为亚克力 PMMA——聚甲基丙烯酸甲酯）

在工业设计中，肌理所发挥的作用还不仅仅是丰富形态表情和传递精神信息。依据人机工程学原理来设计工业产品的肌理，不但可以传递精神信息，提升设计的文化品位，而且还有许多实用方面的具体功能。例如：为了提高操作效率和精确度，避免打滑，汽车的方向盘、自行车的车把，以及钳子、螺丝刀、剪子等工具的手柄一般都应该有一些触觉肌理变化，利用适当的触觉肌理变化，可以增加手柄的摩擦力，合理满足其实用功能的需要（见图 1–15）。

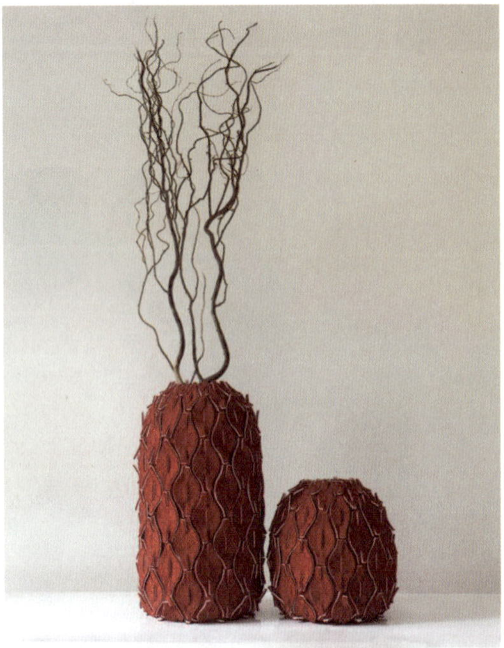

图 1–15　Crafted Systems 容器（设计者：AurelieTu 与 YWCA，波兰；材料：毛毡）

5. 色彩

任何现实的立体形态都离不开色彩，而且与形态相比，色彩对人的影响力更加突出。色彩对于立体形态设计的影响，不仅在于感官上的美或不美，更为重要的是，不同的色彩能够引发人们不同的联想，可以对人的心理构成不同的影响力。而色彩对人的心理的影响力又会直接影响到人的情绪、意识和行为。在产品设计中，通过合理地利用色彩对人们心理的影响，能动地调节色彩关系，可以使立体形态设计在感觉中情趣更丰富、意境更生动（见图 1–16）。

在产品设计时常运用色彩进行设计的方法：

（1）相同产品造型用不同的色彩进行表现，形成系列产品（见图 1–17）。

（2）相同产品造型用不同色彩进行各种分割，形成系列产品。

（3）模块组合式产品以色彩区分模块，体现产品的组合性能。

（4）用色彩进行装饰，以产生富有特征的视觉效果。

对色彩分类一般将橙色、红色、黄色等能够给人以温暖感觉的色彩称为“暖色”；相反，蓝色、蓝绿色、蓝紫色等颜色则被称为“冷色”；而绿色、紫色等色因在冷暖倾向上居中，所以被称为“中性色”。“暖色”不但给人感觉温暖，而且能够给人扩大、开朗、接近的印象。与“暖色”的特点相反，“冷色”具有冷静、收缩、疏远的感觉。冷暖差别各异的每一种色彩又有其不同的特征，可以诱导人们依据个人的生活经验产生不同的联想，从而对人形成不同的影响力（见图 1–18）。

图 1–16　iMac“Flavours”苹果公司一体电脑（1998 年）

图 1–17　iPod nano Second Generation（2006 年）

（1）红色。红色可以使人联想到火焰、花朵、果实、鲜血等多种事物，可以给人温暖、喜庆、甜蜜或危险等不同的感受。在立体形态设计中，红色能引人注意，使人兴奋，可以诱发人产生激动的情绪。大面积的红色使人心情紧张、情绪烦躁，并且能够导致视觉疲劳（见图 1–19）。

图 1–18　Orca 迷你订书机

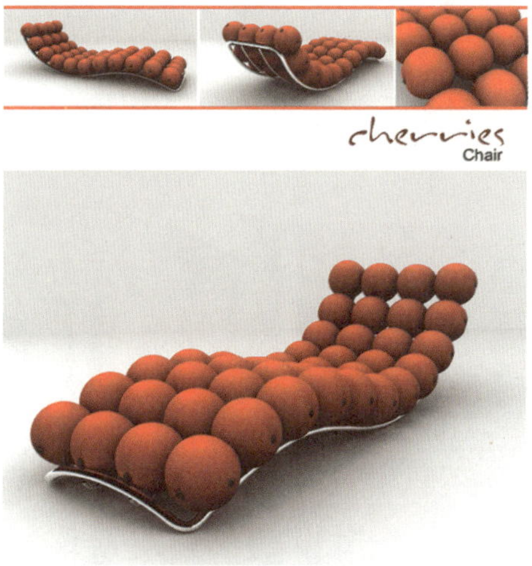

图 1–19　CHERRIES CHAIR MU（Wooden Chair）

（2）黄色。黄色给人以明亮、轻快、扩张的知觉印象，可以使人联想到阳光、麦浪、财富、尊贵，以及宗教、奢侈、下流、迷信等不同的内容。黄色象征高傲而敏感，只要在纯黄色中混入少量的其他任何色，其色相感和色的性格就会发生很明显的变化。在所有的色彩关系中，黄色与黑色的互相配合是知觉度最高的一对色彩。因此，在目的构成中，黄色与黑色的配合经常被应用于交通提示标志、交通工具，以及需要引起人们注意的工程设施上（见图 1–20）。

图 1–20　组合书架，Meta MoCo 产品设计

（3）蓝色。蓝色属于冷色之极，具有比较强的理性意味，是一种有助于人们头脑冷静的色。蓝色常常使人联想

到天空、海洋、远山、月夜等博大或悠远的景色，可以给人凉爽、开阔、洁净、透明，或者内向、孤寂等不同的感受（见图 1–21）。

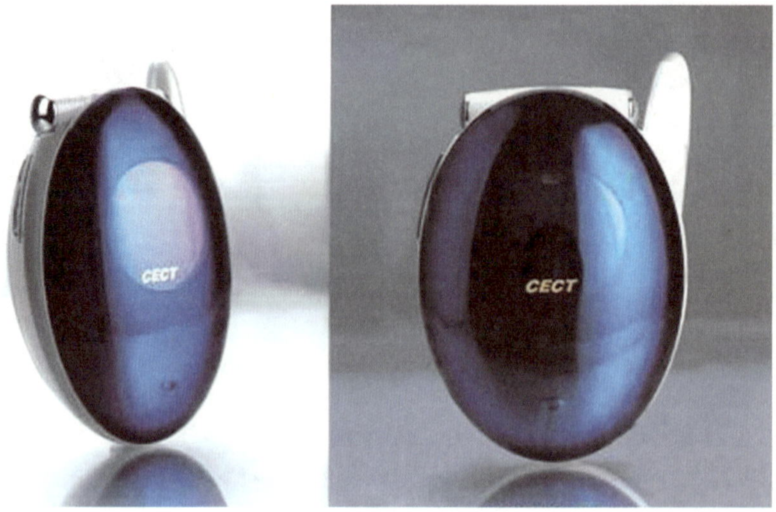

图 1–21　CECT 手机设计

（4）绿色。绿色对人的视觉刺激居中，是一种能使人心情放松，有助于人们心理平和的色彩。绿色可以使人联想到树木、田野、草原、春天等大自然中的美好景观，给人以健康、安全、卫生、生命力旺盛等方面的感觉（见图 1–22）。

图 1–22　OKA 的衣帽架

（5）橙色。橙色是各种色彩中最暖的色，给人的印象是豁达、亮丽、瞩目性强，经常使人与香甜、饱满、热烈、奔放的事物相联系，很容易给环境营造出一种温暖、热情有活力的知觉印象。紫色是各种色彩中明度最低的色，给人的印象浓重而神秘。

（6）紫色。紫色既可以让人联想到气味芬芳的紫丁香，也可以联想到口感奇苦的胆汁等。明度比较高的紫色则显得含蓄而幽雅，属于比较典型的女性色。由于在整个自然界的色彩关系中，紫色所占的比例较少，因此，在传统观念中紫色被认为是一种比较华贵的色彩。一般情况下，紫色面积不宜过大，因为大量的紫色容易给人造成一种反常的印象，而且大量的紫色也常常会产生一种压抑、沉闷甚至恐怖的感觉。

（7）黑色。黑色能给人沉稳、严肃、庄重、强硬等的感觉。但是，如果黑色面积过大，则有可能形成压抑、郁闷、伤感、恐怖等方面的感觉（见图 1–23）。

图 1–23　兰博基尼 Ankonian 概念跑车

（8）白色。白色给人的感觉是明亮而纯洁。利用白色可以营造出一种朴素、高雅、真诚的氛围。

（9）灰色。灰色是成分复杂、地位中庸的色彩，给人的印象是含蓄、随和、谦虚。其特点使其很容易与其他任何色彩相配合，也适合成为各种鲜艳色彩的背景。如果在红色、橙色、黄色、绿色、蓝色、紫色中分别调入灰色，可以使各种色彩趋向于沉稳、含蓄，以至于成为幽雅而不失明确色彩倾向的各种含灰色（见图 1–24）。

图 1–24　Protean Chair. 椅子的表情

6. 安全

安全要素不只是关于产品使用安全的问题。安全涉及的问题包括从原材料生产，产品生产制造、装配、包装运输、销售、使用，直到回收、重新利用等全过程。也就是要对产品进行绿色设计。绿色设计的产品生命周期主要包括以下几个方面。

（1）原材料投入阶段。

（2）产品的规划、设计与生产制造阶段。

（3）产品的销售和使用阶段。

（4）产品维护和服务阶段。

（6）废弃、淘汰产品的回收、重新利用阶段。

产品生命周期的各阶段都会有物料的输入和输出，有时可以进入人为的循环，即在利用；有时则要进入自然界的循环，造成环境、生态问题。

1.1.2 产品开发的目的

产品生命周期的理论告诉我们，企业得以生存和成长的关键在于不断地创造新产品和改进旧产品。创新是企业永葆青春的唯一途径。从短期看，新产品的开发和研制纯粹是一项耗费资金的活动；但从长期看，新产品的推出和企业的总销售量及利润的增加成正相关关系。因此，有远见的企业把新产品的开发看作是一项必不可少的投资。

1.1.3 产品开发的意义

（1）产品开发为企业提供创造利润的动力。持续的新产品的开发是企业稳定其利润水平的重要前提，使企业在某些产品处在成熟期时，另一些新产品已开始向市场推出，当某些产品开始出现衰退时，另一些产品则进入快速成长期，这样，就能使企业的市场份额和总利润始终保持上升的势头。

（2）产品开发为企业持续发展提供保障。持续的新产品开发也是企业保持其市场竞争优势的重要条件，企业的市场竞争力往往体现在其产品满足消费需求的程度和领先性上。消费需求的发展与变化要求不断有新的产品予以满足，企业若不能不断对自己的产品进行开发和更新，就有可能失去现有的市场，更难以去开发新的市场。

（3）产品开发为企业发展创造机遇。新产品开发还可以使企业的资源得到充分利用，企业在生产主体产品的同时，往往会有许多剩余资源得不到充分的利用，若能从资源利用的角度去开发一些新的产品，就能在很大程度上降低企业的生产成本（见图 1–25）。

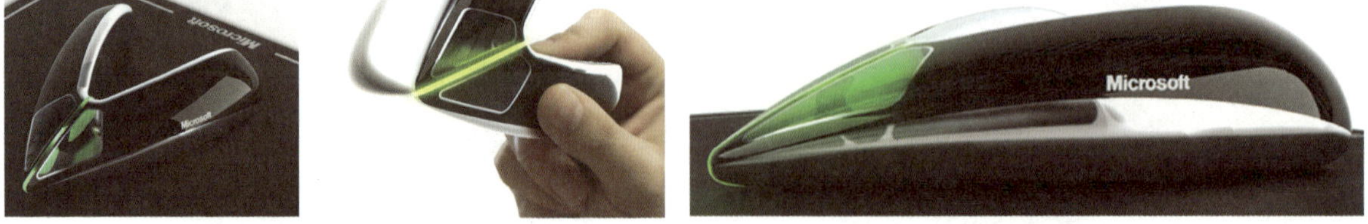

图 1–25 eVouse 概念鼠标（设计者：Marcial Ahsayane，西班牙）

近年来，国内外市场的巨大变化也说明了新产品开发的重要意义。整个 20 世纪 80 年代，日本企业几乎成了世界市场上难以战胜的力量，他们不断向世界各地推出令人眼花缭乱的新产品，在许多领域成为市场的领先者或咄咄逼人的挑战者。而进入 90 年代，美国却以其令人耳目一新的高新技术产品重新占据了世界经济发展的领先地位，其以“知识经济”为基础的产业发展战略令世人刮目相看。从国内来看，曾一度成为中国消费工业品最大的生产基地的上海，由于在新产品开发方面的滞后，其产品在全国市场的占有率由 80 年代初的 20% 以上下降到 90 年代末的 6% 左右，而广东、福建、山东、四川等不少省市，由于能不断地更新产品，其在国内市场上的占有率也不断扩大，有些产品已占据该领域难以替代的霸主地位。这些都说明了新产品开发对于企业、地区甚至一个国家的市场地位都会产生很大的影响。2000 年以后，韩国设计异军突起，在移动通信、汽车设计制造、生活用品、家用电器等领域取得了令人瞩目的成就。

1.2　产品开发的时机

1.2.1　产品生命周期与持续经营

产品生命周期（product life cycle，PLC）指产品从开发（development）、成长（growth）、成熟（maturity）、饱和（saturation）至衰落（decline）的整个过程。

一种产品进入市场后，它的销售量和利润都会随时间推移而改变，呈现一个由少到多再由多到少的过程，就如同人的生命一样，由诞生、成长到成熟，最终走向衰亡，这就是产品的生命周期现象。

产品生命周期是指产品从进入市场开始，直到最终退出市场为止所经历的市场生命循环过程。产品只有经过研究开发、试销，然后进入市场，它的市场生命周期才算开始。产品退出市场，则标志着生命周期的结束。

产品在生命周期不同阶段的盈利情况是不同的：在产品开发阶段通常是亏损的，在成长阶段则呈直线上升趋势，至成熟阶段收益达到最高峰。当产品销量超过饱和点，收益即呈下降趋势。并非一切产品均有生命周期，如日用小商品。但高技术产品，如黑白电视机和电子计算机，则是具有生命周期的典型产品。

1.2.2　领导市场，引导潮流

随着现代科学技术的发展，产品设计是一种特定的商业化设计策略，企业要紧抓时代时尚潮流的脉搏，提取针对时尚流行策略应用于产品设计。

时尚潮流发展趋势涉及到的因素内容很多，包含人文、科技、经济等范畴的内容在产品中所形成的与众不同的流行因素载体，它可以通过人文主题来引导设计方向，也可以通过功能设置、技术属性、物品形态色彩等为具体特性，还可以通过特定的消费主体理念引导设计进行创造、创新。从人文、科技、经济这三个大的层面来分析产品当前所具有的或者潜在的时尚流行因素最重要的产出层面，将目光重点关注该层面的各种事件、事物因素，从中分析研究而得到时代潮流信息，对此进行应用设计。

研究国际国内相关时尚潮流发展趋势，比较分析其流行成果从中吸取时尚流行因素。时尚潮流有一定的关联性，涉及到不同领域，对不同层面的时尚因素提取应用是研究的重点。产品时尚潮流设计重点是吸取流行元素并进行多点突破，建立“以人为本”、“绿色设计”的设计理念，关键是考虑产品

图 1-26　iPod 系列在售全家福

的类别档次，根据发展空间进行有针对性的研究。完善产品的每个细节力求做到尽善尽美，把握时尚发展趋势不断推陈出新。明确掌握时尚流行因素的前瞻性，是准确把握时尚产品设计的保障（见图 1-26）。

苹果产品现在人气正是如日中天，iPod 的设计更加贴近现在年轻人的风格，时尚、个性、多元化、娱乐、色彩等要素都体现在产品的设计中。现在销售的 iPod 分别为：shuffle 3 代（2GB/4GB）、nano 5（8GB/16GB）、classic（160GB）、touch 3（8GB/32GB/64GB）。

1.2.3　消费者需求

产品开发要尊重消费者的需求，消费者才是最终决定产品成败的决定性因素。如果除了消费者都说好，但产品却一件也卖不出去，这样的产品最终还是失败的产品。因此了解分析消费者的需求就显得尤为重要（见图 1-27）。

图 1-27　诺基亚旗下 VERTU 手机

1. 直接需求

产品能够满足消费者直接阐述自己所需求的产品性能。例如对工具的使用需求，如螺丝刀、钳子、扳手等。

2. 常规需求

常规需求是产品本身具有的。当使用产品时这些需求就已经存在，并且是必须的。例如摄像机通常在摄像的同时会完成录音的功能。

3. 普遍需求

普遍需求适用于大众群体的每个人。例如每个人每天都需要吃饭，都需要使用餐具，餐具的使用就是普遍需求。

4. 可变需求

这些需求不必是常规的，这些需求随着技术进步的发展可能被取代。例如 20 世纪八九十年代风靡一时的传呼机，满足了当时人们信息通信的要求。但随着科技的进步，人们对信息通信的要求还存在，科技的发展 3G 实现了视频通话，使人们的愿望得以更加完美地实现。

5. 特定需求

特定需求是满足特定消费者（群）自身身体状况、年龄、性别、信仰、生活习惯、使用环境等因素的特殊需要。在所有客户群体中，特定需求只占小部分市场。例如移动 DVD 产品，其本身带有显示屏、充电电池，可以满足野外作业人员等特定人群的需要。

6. 潜在需求

潜在需求又称隐性需求，就是指对消费者（客户）需求，其他某些产品、服务或商业行为通常能够满足需求，但可以开发相关新产品，更好地满足人们需求。例如家用的美发器、儿童理发器等产品正是厂家看到了消费者（客户）的潜在需求开发的产品（见图 1-28）。

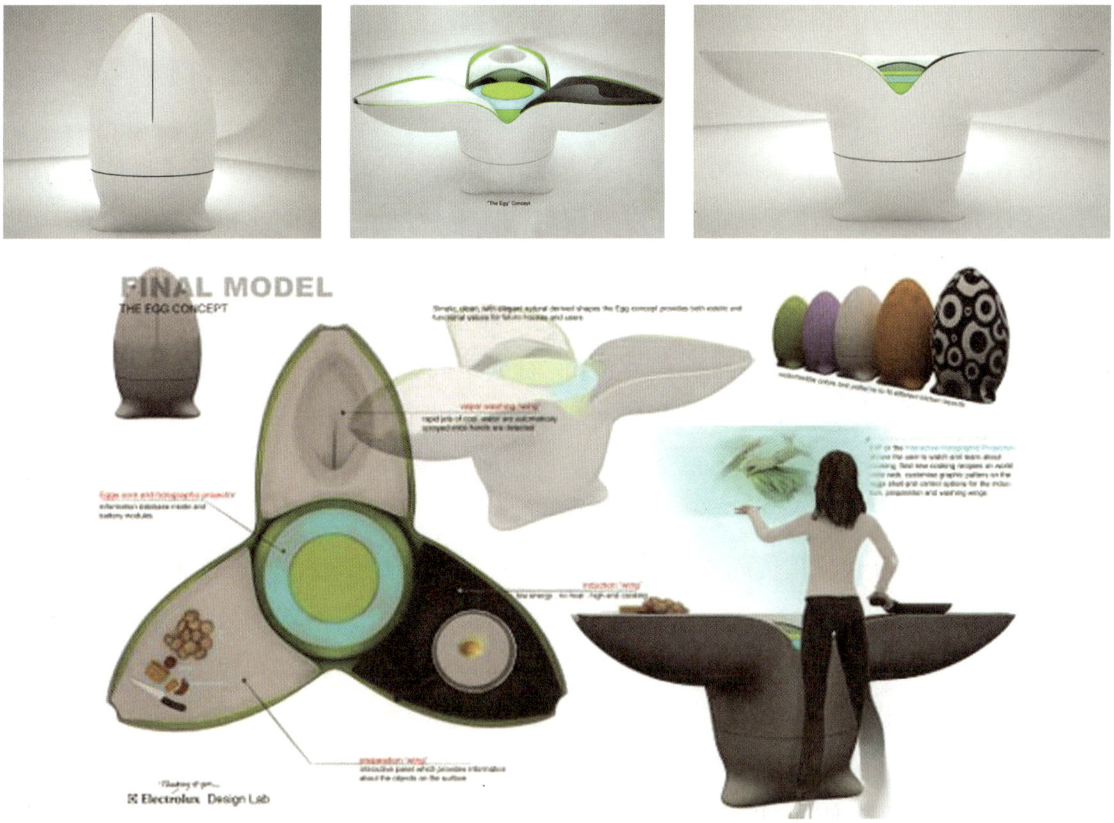

图 1-28　Egg 厨房（设计者：Vlad Icobet，罗马尼亚）

罗马尼亚设计师 Vlad Icobet 设计的 Egg 厨房，可以展开和关闭，展开的时候像花朵一样，关闭的时候像一个鸡蛋也便于存放，节约空间。展开时有 3 个工作单元，分别提供准备菜、洗涤、烹饪空间，还有一个交互式全息投影机，可以让用户在线查找烹饪信息方便做出各种可口的菜肴。设计师还提供了几个颜色供选择，以适合各种家具装饰风格。

1.2.4　市场营销策略

“用户是上帝”这句话已被许多企业视为真理，但要真正落到实处，就需要一系列的实质性的工作。有消费者才有需求，依据消费者的需求研制生产出各类产品，进而形成一系列的促销活动。因此，消费者是营销策略分析活动的源头。营销策略分析活动的重心不在销，而在买，在于刺激消费者的购买欲望。所谓刺激源头策略，就是将消费者视为营销的源头，通过营销策略分析活动，不断地刺激消费者的购买需求及欲望，实现最大限度地服务消费者的策略。

刺激消费源头应把研究重点放在买上，可采取如下形式：

（1）推介形式的新颖性和多样性，围绕品牌的功能，通过形式多样而新颖的品牌宣传，介绍产品和产品的功效，使品牌深入人心，刺激消费者的购买欲望，引导消费者的购买行为。

（2）提供到位的优质的服务保证，从购、用、维修、保养等方方面面提供全方位的保证，使用户买得放心，用得放心，提高用户的信誉感。

（3）实行使用跟踪，针对用户使用过程中提出的问题展开攻关，不断提高和改正产品的性能和功效，提高质量。只要消费者认同、放心，就会形成企业与客户合一的局面，客户就愿意购买，就会有经销商的出现；只要有经销商，就会出现批发商，就会有批发零售商经营。

产品只有通过媒体的作用，才可能变成大众化的品牌形象。提升品牌形象，不是某个单一的宣传形式可以做好的，可以采用媒体组合策略。

（1）选用媒体具有组合性。媒体由于其本身功能的不同，所以发挥作用的形式也是各不相同。报纸，具有直接性和快捷性；杂志，具有持久性和稳定性；电视，具有直面性和占领领域的广泛性。由于不同媒体的功能不同，所以选择媒体时，就要注意媒体的组合性和层次性，避免单一性。

（2）宣传层次的组合性，就是把品牌的宣传分成产品宣传、品牌宣传、企业形象宣传三个不同的层次。产品宣传，是客户和社会对产品还不大了解，社会认同程度较低的情况下，着重对产品的性能、特点、操作工艺等进行宣传；品牌宣传是在产品基本得到社会认同的情况下，从产品中抽象出来的宣传，是突出品牌形象的一种宣传；企业形象宣传是与品牌形象一起的形象宣传，是企业与品牌互为一体的整体形象的宣传。

（3）宣传量上的组合性。宣传既要体现硬的宣传方面，也要注意软的宣传方面，两者要有整体性和组合性，并不是谁重要和谁次要的问题。两者的主要区别是：硬的着重当前，软的着重长远；硬的急功近利，软的潜移默化；硬的立竿见影，软的富于长久战略；硬的具有开拓性、驱动性，软的具有巩固性等。两者的有机组合才能发挥品牌的宣传效应。如图 1-29 ~ 图 1-33 所示，索尼公司利用 Walkman 随身听这一品牌，在最近 30 年间相继推出了 Walkman MP3 音乐播放器、Walkman 视频音乐随身听以及在索尼公司与爱立信公司重组后的索尼爱立信 Walkman 系列手机，使得“Walkman”这一品牌得以延续。

1979 年 7 月 1 日，第一款银蓝两色的 Walkman TPS-L2 在日本上市，如图 1-29 所示，从此掀起了一场音乐界革命，10 年间卖出了 5000 万部。一如其名，Walkman 首次得以让人们能够轻松地边走路边听歌。时至今日，虽然 Walkman 已经失去了当初的光彩，但仍焕发着独特的魅力。

图 1-29　全球第一款 Walkman 随身听（索尼公司，1979 年）

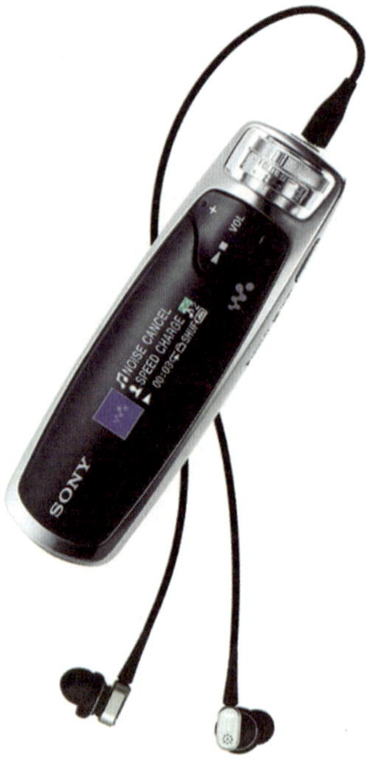

图 1-30　索尼 Walkman MP3 音乐播放器 NW-S700F（2006 年）

图 1–31　索尼 S 系列 Walkman 视频音乐随身听（2009 年）

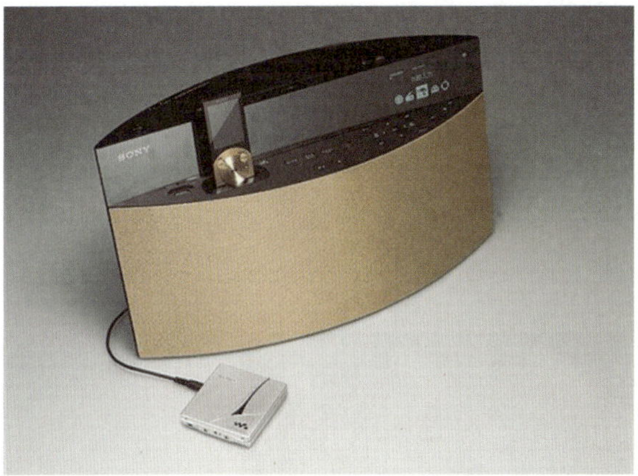

图 1–32　索尼 Walkman 专用音响底座

图 1–33　索尼爱立信 Walkman 系列手机 W902（2010 年）

1.2.5　法律规章制约

任何产品的设计、生产、销售环节都在相关法律、法规的规范之下。设计师在设计过程中不能抄袭他人的设计，否则会造成侵权，惹来法律官司；企业也同样不可能直接拿其他公司的产品开模生产。产品的外观、结构、系统及相关技术指标受到法律保护。中国保护知识产权的法律主要有著作权法、商标法和专利法，我国 1985 年就颁布了《中华人民共和国专利法》，在中国加入世贸组织以后，相关的法律法规又得以进一步完善。相关标准请参阅本书第 5 章内容。

1.2.6　产品改良、导入期、衰退期

1.2.6.1　产品改良策略的具体方式

整体产品概念的任何一个层次的改良都可视为产品再推出，具体包括如下几方面。

1. 品质改良

（1）提高产品的耐久性、可靠性、安全性等。如洗衣机制造商把普通洗衣机改为漂洗、甩干多功

图 1–34　LED 手电筒 Pullight Dynamo（设计者：Sebastian Savage）

能的自动、半自动洗衣机等。

（2）将产品从低档上升为高档，或从高档变为低档。例如，原来面向高收入消费者的产品，可以选用较低质量的材料，使之变为低档产品而寻求新的市场；原来面向一般消费者的产品，也可以选用高级原料，使之变为高档产品而重新受到欢迎。这种策略既能延长产品的成熟期，又能提高产品的竞争力。

2. 特性改良

就是增加产品新的特性（如大小、重量、材料、附加物等），以此扩大产品的多方面适用性，提高其安全性，使之更方便使用（见图 1–34）。

由 Sebastian Savage 所设计的“拉拉灯”（Pullight Dynamo），简单来说就是个造型很酷的 LED 手电筒。它并不需要安装电池，也不必插电，而是透过抽拉的方式带动机器内部的三相发电机来发电。产生的电力除了提供手电筒照明外，还可以外销给 iPod 或是手机充电，是个相当节能的产品。

3. 式样改良

式样改良就是基于美学欣赏观念而进行款式、外观及形态的改良，形成新规格、新花色的产品，从而刺激消费者，引起新的需求（见图 1–35）。

图 1–35　飞利浦 Living Colors 魔灯

Living Colors 能提供 1600 万种颜色并自由地无级变换——如同一片流动的色彩，你将会感受到蕴含其中的澎湃活力。通过配套的遥控器完成这种变换，Living Colors 被设计成了玻璃外壳的卵圆形，使得 Living Colors 从灯具变成了艺术品。Living Colors 采用了尖端的 LED 科技，平均耗电只在 0.5 ~ 5.5W，非常耐用。Living Colors 台灯只发光不发热。

4. 附加产品改良

附加产品改良就是向消费者提供良好服务、优惠条件、技术咨询、质量保证、消费指导等。美国一家咨询公司在调查中发现，顾客从一家企业转向另一家企业，70% 的原因是服务。他们认为，企业员工怠慢了一个顾客，就会影响 40 名潜在顾客。“在竞争焦点上，服务因素已逐步取代产品质量和价格，世界经济已进入服务经济时代。”正是基于这样的认识，美国 IBM 公司公开表示自己不是电脑制造商，而是服务性公司。该公司总裁说：“IBM 并不卖电脑，而是卖服务”。

1.2.6.2 新产品市场导入策略

1. 概念

产品导入期是指一个全新的产品刚刚进入市场的时候，产品不被认知、市场没有显现需求的时期。

2. 阶段特征

（1）产品的概念是全新的，市场认知度完全需要从无到有的一点点培育，所以市场营销成本高而利润很低。

（2）应致力于短时间内把市场“炒热”，将产品概念灌输到目标消费者的头脑中，让这种产品在消费者的脑海中建立正面的形象，激发消费者尝试购买的欲望（见图 1–36）。

图 1–36 梅赛德斯 – 奔驰 Hexawheel 概念车（设计者：Siyamak Rouhi Dehkordi）

1.2.6.3 衰退期

一个产品市场饱和度最大时，也是替代产品、换代产品发展势头强劲时。新陈代谢规律使得原产品逐渐滞销，利润大幅度下降，直到无利可图，产品就该退出市场了。在产品衰退期要注意以下几方面内容。

1. 找出造成产品衰退的原因

一般来说具体某个企业或者某个品牌在具体某一个市场上衰退有如下几个原因：

（1）需求变化。

（2）竞争者的价值替代。

（3）新技术、新科技对原有产品的革命。

（4）政府政策的发布。

（5）企业自身市场运行失误后竞争力相对减弱。

2. 树立正确面对衰退期的基本理念

衰退只是意味着某个产品的退出，并不是企业的失败，更不是企业全部的失败。所以企业应该确立如下观念：

（1）企业的使命就是通过产品的开发、推广来满足消费，从而创造价值。因此，一个产品的退出，并不意味着企业使命的终结，当然也不意味着企业与这个市场关系的终结。

（2）面对一个即将退出的市场，企业应该敢于向企业的消费者说“再见”，同时需要与消费者建立一个良好的“责任关系”，以维护原有的市场资源。

（3）初步进入某个市场，是企业形象的展示；而退出某个市场，则是企业形象与企业理念的检验，产品退出不是企业逃跑和责任的逃避。

（4）要善于经营失败的资源，这是中国企业在衰退期最不会处理的问题。因为失败也是企业可用以经营的资源。例如，最近常见的“产品召回”就是企业成熟和责任的体现。

产品生命周期理论描述的是产品从进入市场直至被市场淘汰的客观规律，此规律阐明了产品的历史性，没有一种产品可以经久不衰、永远获利。产品生命周期的理论揭示了产品更新换代的必然性。

第2章
Chapter2

产品开发的规划组织

2.1 产品设计基本原则

2.1.1 独创性

巴尔扎特曾经说过：第一个形容女人是玫瑰的是天才，第二个形容女人是玫瑰的是庸才，第三个形容女人是玫瑰的是蠢材。的确是这样，非但文学领域摒弃重复，产品设计领域同样将重复视为第一要害，重复的设计便意味着无谓的工作。任何一项设计（只要能够称之为设计），都是一项不可多得的创造性活动，它们即便在功能、形态、材质、色彩上没有翻天覆地的变化，也总会与先前的产品设计结果有些不同。同样是一把扶手椅，只是为了满足“坐”的功能，但它可以被设计师创造得千变万化，千差万别。同样功能的产品，设计者可以通过使用对象的性别、年龄、地域、收入、文化背景、心理感受等诸多因素，而设计得各具特征。另一方面，随着国家对知识产权与设计专利的保护，设计领域中，特别是产品设计领域中的照搬照抄变得越来越不可能，设计者、生产者或是销售者，无论哪一方都经受不起侵权行为所带来的严重后果，因此，独创性是产品设计中必须引起足够重视的设计原则之一。

2.1.2 技术性

可以将人类所有认知与改造世界的社会实践活动分为两个部分：一个是世界观，另一个是方法论；一个是发现，而另一个则是发明。发现是一种从客观实际出发，努力按照事物本来面貌认知事物的过程。在这个过程中，人类创立了自然科学，自然科学的研究目的很大程度上是向我们解释“事物是什么”；而另一方面，当人类出于某种目的，将经过验证且相对正确的发现，以一种新的组合方式排列，并成为人类改造世界的工具的时候，这种行为便可以称之为发明，具体到造物行为上，便可以称之为设计。工业设计，从本质上理解，就是将人们所掌握的技术性因素通过“造物”活动，并以“功能物”为媒介应用于人们的生产生活实践。造物所达到的目的是“物以致用”，而造物所依托的物质背景则是科学技术。我们甚至可以按产品设计开发所依托的技术因素的不同，将其区分为概念设计、创新设计与改良设计。另一方面，产品开发的整个过程包括市场调研、设计、工艺、制造、检验、销售、售后服务、回收处理等，产品设计虽然只占产品整个成本的5%，但它却影响产品整个成本的70%，工业设计对科学技术的依托程度可见一斑。

2.1.3 经济性

罗维在回答《纽约时报》记者的采访时说：对于我来说，最美丽的曲线是销售上涨的曲线（There is no curve so beautiful as arising sales graph）。对于很多人提及设计的诚挚性的时候，罗维坦率的回答：每当人们谈论设计的诚挚性时，我更关心我的汤勺。很明显，罗维更重视设计中的经济效益，而不仅仅是单纯的美学和设计伦理问题❶。

设计师与工程师发生争执的很多原因并非都源自相互之间的专业差异，很多情况下他们争执的焦点并不是某个产品部件能不能被加工出来（技术问题），而是在争执这个部件值不值得生产（经济问题）。毋庸置疑，就大批量生产的工业产品而言，每个产品单体增加一个可有可无的零件（大多数时候，这个部件被增加的原因很可能出于美感的考量），或某个零部件微妙的形态特征，对于整个生产线来说，生产成本可能会大幅度提升；换言之，如果可能，工程师会不假思索地建议设计师尽可能减少产品部件，以节约开发成本，方便生产组装。但另一方面，在很多产品开发中，设计者会被企业生产者或销售者所告知——设计看上去尽可能昂贵高档，产品会出现某些非功能性的部件，它可能只是一块玻璃，也可能被替换为一块宝石❷。工业设计与纯艺术之间的最大不同，除产品的使用功能外，便是设计开发必须符合市场运行规律，真正的工业设计师远没有艺术家那么超脱，可以为艺术而艺术，像梵高❸那样在身后得以享誉世界。除去他们必须将设计作为自己的谋生手段之外，工业设计其实是一种“大众美学”，换句话说，艺术的接受范围可以是小众；而设计，特别是工业设计的接受范围则必须是大众。一个产品设计成功与否，回避设计伦理不谈，其最重要的指标便是它的销售量，销售量越大，也就意味着设计越成功，反之则意味着失败。

2.1.4 文化性

1868年西格弗里德·马库斯制造了一辆车，并在1873年的维也纳展览会上展出。那辆车被命名为街车，马力约为500rpm。它由金属支架和木质车轮组成，刹车时木桩会卡住金属边缘。至今，马库斯的一辆车仍在维也纳科技博物馆中展出，且仍可自动驾驶。

很多时候，我们的确弄不明白西式男装背后为什么要开衩；结婚时夫妻双方又为何佩戴戒指；凯迪拉克轿车尾部为什么要出现鲨鱼鳍等。其实，西装后面的开衩起初只不过是为了适应男人骑马的需要；而我们如今所佩带的金属首饰也多半源于奴隶时代的人身依附制度；至于轿车后面的鲨鱼鳍更是

---

❶ 观点参见王受之著《世界现代设计史》，北京：中国青年出版社，2002。

❷ 2001年初TCL推出世界第一部钻石手机TCL999D，售价高达1万多元。2003年3月18日公布的TCL通讯2002年财务年报显示，该公司本年度净利润排名仅次于摩托罗拉和诺基亚，一举成为国内证券市场少有的高收益上市企业。该企业一位高管解释说：“TCL钻石手机一共只生产了2001部，以后拿钻石手机的人不用问就是地位和财富的拥有者，用钻石手机如递钻石名片，身份的珍贵和地位的尊崇不言而喻。”选自TCL企业网站文章《TCL万元钻石手机横空出世》(2001年1月8日) http://www.tcl.com.cn/china/news。

❸ 文森特·威廉·梵高（Vincent Willem van Gogh 1890—1953）荷兰人，后期印象画派代表人物，是19世纪人类最杰出的艺术家之一。他热爱生活，但在生活中屡遭挫折，艰辛倍尝。他献身艺术，大胆创新，在广泛学习前辈画家伦勃朗等人的基础上，吸收印象派画家在色彩方面的经验，并受到东方艺术，特别是日本版画的影响，形成了自己独特的艺术风格，创作出许多洋溢着生活激情、富于人道主义精神的作品，表现了他心中的苦闷、哀伤、同情和希望，至今享誉世界。

借鉴了飞行物的符号，通过视觉化的语言来强化汽车的速度感。我们周围其实充斥着很多诸如此类的“无用”形式，这些在今天看来非功能性的形式，起初并非真的没有功能，只是因为随着时代的发展，这些功能所依托的需求已然消失，但人们仍然固执地认为，某个事物如果缺少了这种形式便不再完整，我们可以形象地将其称之为“功能的盲肠”。再如，汽车发明之前，中国的马车与西方的马车几乎没有什么优劣之别，相对而言，中国的马车因为主要采用木质结构，材料更轻，柔韧性更好，比起大量采用金属构件的西方马车，速度应该更快。但第一辆汽车的发明彻底改变了这种局面，这就决定了现代汽车的外形只能由西方马车逐步演变而来，而不是中国马车。可见，特定文化背景对于设计者的造物行为具有潜移默化的框定作用。在特定区域文化背景下，设计者与生产者往往会自觉遵循特定文化特征所引发的思维定势与风俗习惯，并在产品的设计开发中显露出来（见图 2-1 和图 2-2）。

图 2-1　街车（设计者：西格弗里德・马库斯）

图 2-2　国外黑色马车

2.1.5　易用性

实现功能是工业设计的第一步，也就是维系一个产品得以存在的本质特征。但即便产品的功能得以实现，亦未必是好设计。独木舟一定会让位于大型帆船，而帆船也必须让位于铁甲蒸汽船。两个相同功能的产品，它们之间比拼的一定是效率，效率与产品的易用性其实本质上是一回事：方便的使用同样也就意味着高效的使用（见图 2-3）。

图 2-3　冷藏柜

“一个商品售货员将饼干扔在你的脚下，而你不得不弯下腰将摔碎的商品捡起——毫无疑问，这种情况下，你十之八九会非常生气并将你的愤怒表达出来，但自动售货机这样做的时候，……。”[1]很明显，很多产品缺乏“可以被人容易和有效使用的能力”。易用性（Usability）通俗地讲就是指“（产品）是否好用或有多么好用”[2]。国家标准组织（ISO）对它的定义是：“……在

[1] Edited by William S.Green and Patrick W.Jordan（2002）. Pleasure With Product: Beyond Usability. London：Taylor& Francis，p.9.

[2] 1979 年，本纳特（Bennett）最早使用这个词来描述人类行为的有效性，此后，该词不断被丰富；夏凯尔（Shackel）于 1991 年为易用性（Usability）做了简要的说明，即（产品）可以被人容易和有效使用的能力。

特定的环境中，特定的使用者实现特定的目标所依赖的产品的效力、效率和满意度”。[1]

夏凯尔将产品的“易用性”基本范围划分为：①有效性（Effectiveness），指在一定的使用环境中，产品的性能能达到预期的效果；②易学性（Learnability），产品的使用和安装被限定在一定的难度范围之中，并能向使用者提高相关的服务支持；③适应性（Flexibility），指产品对不同对象和环境的适应能力；④使用态度（Attitude），指消费者对产品使用过程中出现的疲劳、不适、干扰等不利因素的承受能力。[2]

事实上，在本纳特与夏凯尔持续研究发展产品易用性理论之前，很多学者已经开始围绕产品效能的实际解决途径展开研究，比较有代表性的研究成果主要是解决人机尺度匹配关系的人机工程学与解决人机交互关系的产品语义学。

2.1.6 审美性

“如果你遇上了一对孪生姐妹，同样的健康、聪明而且富有，都能生孩子，但是其中一个丑，一个美，你会娶哪一个呢？”很明显，密斯·凡·德·罗提出这样的一个问题，只是想说明设计的美感特征是影响人们好恶的一个重要因素。再如：同等价位、同样功能的多款产品，你会选择哪一款呢？以汽车为例，此刻在国内市场销售的级别相同且价格相近的紧凑型汽车主要有：大众宝来、一汽奔腾、标致 307、福特福克斯、三菱戈蓝、丰田花冠、雪佛兰景程、通用凯越、大众朗逸、本田思域……，你更倾向于哪一款呢？

如今我们购物中遇到的最大问题可能并不是买不到什么，而是在众多同类产品中，我们究竟如何作出取舍。当然，决定取舍的影响因素很多，可能出于品牌效益，或者出于售后服务保障，或是使用成本。但一个很重要的原因便是使用者对产品外形的美感认同。很多产品的外形似乎已经规定好了它的使用对象与产品品质，这是不争的事实。多数情况下，并不是贵的东西才是美的，而是看上去美的产品却被证实往往是较昂贵的，这也正是设计的精妙之处。

2.1.7 伦理性

方便的设计一定是好的设计吗？廉价且美观的产品一定是好东西吗？答案当然是否定的。1902 年，奥地利人马克斯·舒施尼（Max Schuschny）发明了塑料袋，这种包装物既轻便又结实，在当时无异于一场科技革命。从此以后，人们外出购物时顿感一身轻松，不需要携带任何东西，商店、菜场都备有免费的塑料袋。可舒施尼做梦也没想到他的这项发明 100 年后会被评为“本世纪最糟糕发明”。由于塑料袋大都是用不可再生降解材料生产的，处理这些白色垃圾只能挖土填埋或高温焚烧。这两种办法都不利于环保，据科学家测试，塑料袋埋在地里需要 200 年以上才能腐烂，并且严重污染土壤。而焚烧所产生的有害烟尘和有毒气体，同样会对大气环境造成污染。1989 年 7 月起，美国近半数的州实施了塑料袋禁用法；印度马哈拉施特拉邦禁用厚度不到 20μm 的塑料袋，并控制生产这种塑料袋的原料。意大利则实行塑料袋课税法，根据这项法律，每生产一只塑料袋要交 8 美分税。2002 年 3 月起，爱尔

---

[1] Partick W. Jordan（1998），An Introduction to Usability. London：Taylor and Francis，P.5.

[2] 观点参见黄厚石，孙海燕著《设计原理》，南京：东南大学出版社，2006。

兰政府也开始征收塑料袋税，每个塑料袋 9 便士。2009 年我国也开始推出相关的限塑法令。

最早提出设计的伦理性的是美国设计理论家维克多·巴巴纳克（Victor Papanek）。他在 20 世纪 60 年代末出版了其最著名的著作《为真实世界的设计》（Design for the Real word）。在这本书上，巴巴纳克明确地提出了设计的三个主要问题：①设计应该为广大人民服务，而不是为少数富裕国家服务，在这里，他特别强调设计应该为第三世界的人民服务；②设计不但为健康人服务，同时还必须考虑为残疾人服务；③设计应该认真地考虑地球的有限资源使用问题，设计应该为保护我们居住的地球有限资源服务。从这些问题上来看，巴巴纳克的观点明确了设计的伦理性在设计中的积极作用，从当今设计的发展来看，设计的伦理性要求变得更为重要和迫切。

设计伦理主要包括普适设计、绿色设计、可持续设计等主题。

设计行为作为人类为实现其自身更舒适、更安全、更方便、更艺术化生存的手段，其本质特征绝非仅仅以上概括的寥寥数点。除去科技的、经济的、文化的、艺术的、易用的及伦理的原则，人类的设计行为必然包括其他可知或仍然未知的多重特征，它的确需要每一个设计师去探索发现、实践和总结。这也正是设计学科的魅力所在，一个优秀的设计往往能够满足上述全部原则，甚至更多。

2.2 标准化设计与模块化设计

2.2.1 标准化设计

随着工业革命对生产方式的巨大影响，产品设计逐步由先前的作坊式的小批量生产，转变为工厂化的大批量生产，新的生产技术极大地提高了生产效率的同时，也把单位产品中所凝结的人的劳动量降至最低。新技术革命在改变生产方式的同时，也客观地改变了传统的设计开发模式。

一种方法是“制造标准的、可互换的零件，然后以最少量的手工劳动把这些零件装配成完整的单位❶”。美国发明家伊莱·惠特尼（1765—1825）就是在 19 世纪开始时用这种方法为政府大量制造滑膛枪。他的工厂因建立在这一新原理的基础上，引起了广泛的注意，受到了许多旅行者的访问。其中有位访问者对惠特尼的这种革命性技术的基本特点作了如下描述：“他为滑膛枪的每个零件都制作了一个模子；据说，这些模子被加工得非常精确，以致任何滑膛枪的每个零件都可适用于其他任何滑膛枪。❷”在惠特尼之后的数十年间，机器被制造得愈来愈精确，因此，有可能生产出不是几乎相同而是完全一样的零件。

标准化的设计生产方式直接为亨利·福特在 20 世纪初，设计出装配流水线提供了可能性。以活塞杆组装为例，按照传统的方法，28 个人每天装配 175 只——每只耗时 3 分 5 秒；福特公司的管理人员用秒表分析动作之后，发现装配工人有一半时间用于来回走动，每个人要做 6 个动作，于是他们改造了流程，把工人分成三组——工人再也不需要在奔波过程中耗费体力了，凳子上装了滑轮传动——现在 7 个人就能每天装配 2600 只。几乎每个星期，福特公司都对机器或工作程序进行某些改进。生产规模很小的时候，工厂曾需要 17 个人又累又脏地专门清理齿轮的毛边；有了专门的机器后，4 个人就能

---

❶、❷ 参见［美］斯塔夫理阿诺斯著，董书慧，王昶，徐正源译，《全球通史》下册，北京：北京大学出版社，2005。正文第 489 页。

举重若轻地完成上述工作。曾有 37 个人专门弄直炉子里的凸轮轴，用了新型炉子之后，产量大增之下也只要 8 个人……对生产流程的彻底分解和优化，预示了生产史上最具有颠覆性的力量。亨利·福特在此基础上创造了前所未有的流水线（见图 2–4）。

图 2–4　福特生产线

事实上，正是基于以上标准化及生产装配流程的分解和优化，才真正使工业设计具备了今天的面貌：提前规划、大批量生产、标准化作业、程序化安装。今天我们使用的任何一件产品几乎不再体现制造者的个人意志：一个产品被设计出来，有 N 个配件，它们将以同样的方式被批量生产出来，并被标准化的、分毫不差地组装在一起，逐一通过质量检测，以确保它们具有相同品质，能发挥一样的功效。

格罗皮乌斯在《新建筑与鲍豪斯》中所说："标准化并非文化发展的一种障碍。相反，倒是一种迫切的先决条件。因此，最后结果应当是最大限度的标准化与最大限度的多样化的愉快协调的结合"。

随着标准化设计在产品设计开发中逐步显露的重要作用，1901 年，英国成立了世界第一个国家标准团体——英国标准学会（British Standards Institution，BSI）。1906 年，世界最早的国际性标准团体——国际电工委员会（International Electrotechnical Commission）成立。1947 年，目前世界最大的国际标准化机构——国际标准化组织（International Organization for Standardization，ISO）成立，我国于 1978 年 9 月加入该组织。

所谓标准化，主要是指在经济、技术、科学及管理等社会实践中，对重复性事物和概念通过制定、发布和实施标准，达到统一，以获得最佳秩序和社会效益的活动。从其内涵可以看出，其活动范围主要包括：制定、发布及实施标准，改进产品、过程和服务的适用性，防止贸易壁垒，实现技术合作。因此，标准化被世界各国公认为是一门重要的工程与技术科学的基础学科。

标准化是在产品设计和人体工程学领域中帮助贯彻统一原则的有效手段，它对产品质量提出了准确和严格的要求。标准化既可以只是局部的个别的单项统一规定，也可以是全面的、系统的统一规定，如与产品标准相关的原材料标准、零部件标准、工艺装备标准、配套产品标准、生产过程的工艺标准以及其他基础标准等。

标准化设计的基本原则通常包括以下六个方面：

（1）统一化原则。即把一些分散的、具有相关性、重复性、共同性特征的事物加以科学归并，使它们在一定范围内达到统一。

（2）简化原则。即去劣存优、化繁为简，将多余的品种、规格、型号简化掉，保留并发展合理的品种规格系列。

（3）互换性原则。即尽可能使各种零部件的尺寸、形状、性能、作用接近一致，彼此可以互相替换。

（4）协调原则。即可能把各专业、部门、企业、环节间的相互技术联系或技术特性关系用标准统一起来，实现各方面的合理的连接、配合与协调。

（5）选优原则。即按照一定的目标，在一定的限制条件下，对实现目标的各种方案进行最佳选择。

（6）阶梯或动态过渡原则。即既要使标准在技术上先进、合理，又要保持其相对稳定性（适用期），使原有的标准在稳定中不断发展和完善，一步一步地在动态中上升。

标准化大批量生产，有利于采用先进工艺、高效率的专用设备和自动化设备，有利于组织专用流水线生产；这些优点不仅有助于改进质量、降低成本，还能满足成品在视觉上的一致性。但不利的是产品一旦定型生产，不容易更改，故也容易造成产品的功能形态单一的局面。一旦市场需求发生变化，企业难以及时掉头，从而成为产品开发设计能否顺利发展的一大障碍。而生产批量小，从投资经济性角度考虑，通常不宜配置专用的工艺装备和设计专门的流水线，而主要采用通用设备和通用工艺装备，组织工艺专业化的工段、小组进行生产，即采用所谓的“柔性生产方式”。由于采用通用设备生产，虽然企业容易适应产品改型、创新的需要，但需增加设备、工艺装备的调整时间，降低了生产效率，导致产品成本增加，成为阻障新产品开发的另一个障碍。

多品种、小批量的生产方式已成为当今制造业发展的主要趋势。以机械制造业来说，有资料表明在工业发达的国家，如美国、日本的企业中，早在20世纪90年代，已有75% ~ 80%的产品是以中小批量生产方式制造的。这就给我们提出了标准化（即大批量生产的基础）如何与个性化（即多品种的问题）完美统一的问题。

2.2.2 模块化设计

自20世纪50年代，欧美一些国家正式提出“模块化设计”概念，把模块化设计提到理论高度来研究。自50年代中后期，西方经济经过战后长期快速发展，已逐步向丰裕社会过渡，市场逐步由卖方向买方过渡，同类产品的市场竞争压力逐步加大，生产者一方面利用产品的批量化、标准化和通用化来缩短上市周期、降低产品成本、提高产品质量；另一方面开始不断进行产品创新，使产品越来越个性化，满足客户不断增强的个性化需求。这样，如何平衡产品的标准化、通用化与个性化、柔性化之间的矛盾，成为赢得竞争的关键能力。模块化产品设计正是在这种背景下逐步发展起来的，为解决消费者的个性化需求与企业的批量化生产之间的矛盾提供了一条可行的设计思路。模块化设计与产品标准化设计、系列化设计密切相关，即所谓的产品设计中的“三化”。三者互相影响、互相制约，通常会综合起来作为评定产品质量优劣的重要指标，模块化是在传统设计基础上发展起来的一种新的设计思想，现已逐步在工业设计中广泛应用，并向其他产业扩展。尤其是信息时代电子产品不断推陈出新，模块化设计的产品不断涌现。如今，模块化设计已被广泛应用于机床、电子产品、航天、航空等设计领域。

2.2.2.1　**模块化设计的基本概念**

所谓的模块化设计，简单地说就是将产品的某些要素组合在一起，构成一个具有特定功能的子系统，将这个子系统作为通用性的模块与其他产品要素进行多种组合，构成新的系统，产生多种不同功能、或相同功能但不同性能的系列产品。模块化设计是绿色设计方法之一，它已经从理念转变为较成熟的设计方法。将绿色设计思想与模块化设计方法结合起来，可以同时满足产品的功能属性和环境属性，一方面，可以缩短产品研发与制造周期，增加产品系列，提高产品质量，快速应对市场变化；另一方面，可以减少或消除对环境的不利影响，方便技术的重复利用、升级、维修和产品废弃后的拆卸、回收和处理。

2.2.2.2　**模块化设计原理**

模块化产品是实现以大批量的效益进行单件生产目标的一种有效方法。产品模块化也是支持用户自行设计产品的一种有效方法。产品模块是具有独立功能和输入、输出的标准部件。这里的部件，一般包括分部件、组合件和零件等。模块化产品设计方法的原理是，在对一定范围内的不同功能或相同功能、不同性能、不同规格的产品进行功能分析的基础上，划分并设计出一系列功能模块，通过模块的选择和组合构成不同的顾客定制的产品，以满足市场的不同需求。这是相似性原理在产品功能和结构上的应用，是一种实现标准化与多样化有机结合，及多品种、小批量与效率的有效统一的标准化方法。例如，吹风机、手电钻、洗衣机、电动车、砂轮机、磨光机等这些功能各异且互不相关的产品，实际上都使用了相同原理的功能模块——电动机（见图 2-5）。

图 2-5　电动机与产品

2.2.2.3　**模块化设计的目的**

模块化产品设计的目的是以尽量少的变化产生尽可能多的组合形式与产品层次，以尽可能少的投入生产尽可能多的产品，以最为经济的方法满足各种要求。由于模块具有不同的组合可以配置生成多样化的满足用户需求的产品的特点，同时模块又具有标准的几何连接接口和一致的输入输出接口，如果模块的划分和接口定义符合企业批量化生产中采购、物流、生产和服务的实际情况，这就意味着按照模块化模式配置出来的产品是符合批量化生产的实际情况的，从而使定制化生产和批量化生产这对矛盾得到解决。

2.2.2.4 模块化设计的优势

由于模块化推进了创新的速度，使得企业领导者对竞争者的举动做出的反应时间大大缩短。模块是产品知识的载体，模块的重新使用往往意味着对已有设计的重新编排使用，大量利用已有的经过试验、生产和市场验证的模块，可以降低设计风险，提高产品的可靠性和设计质量。模块功能的独立性和接口的一致性，使模块研究更加专业和深入，可以不断通过升级自身性能来提高产品的整体性能和可靠性，而不会影响到产品其他模块。模块功能的独立性和接口的一致性，使各个模块可以相对独立地设计和发展，可以进行并行设计、开发和并行试验，直至批量化生产。模块的不同组合能满足设计者与用户的多样性需求，易于产品的配置和变型设计，同时又能保证这种配置变型可以满足企业批量化生产的需求。

模块化设计对企业工作效率和成本控制的贡献主要表现在：设计和零部件的重新使用可以大大缩短设计周期；同步进行的产品设计开发和测试可以缩短设计周期；利用已有的成熟模块可有效缩短采购周期、物流周期和生产周期，从而加快新产品上市时间，提高设计开发效率与企业竞争力；如果划分模块时考虑到企业售后服务的特定需求，同样可以缩短服务周期和耗费资源时间。成熟模块再次使用，可以大大降低设计成本；采用经过验证且功能可靠的模块，可以提高采购数量，降低采购和物流成本，并大大减少由于新产品的投产对生产系统调整的频率，使新产品更容易生产制造，降低生产制造成本；产品平台中及平台之间存在大量的互换模块，可以降低售后服务成本。

模块化有利于企业研发团队分工，规范不同团队间的信息接口，进行更为深入的专业化研究和不同模块系统的并行开发；抽象平台和模块的建立，可以实现企业组织结构与产品模块结构之间的交互，使并行工程拥有实施的根基，工艺、财务、采购和售后服务可以在产品研发早期就介入产品研发项目；标准规范的模块接口有利于形成产品的供应商规范，有利于产业分工的细化。

2.3 产品开发的基本程序

2.3.1 产品开发设计的类型

为了便于对产品开发设计的基本程序进行分析研究，我们可以从多个角度对其进行分类（见表2–1）。

表2–1 产品开发设计的类型

分类依据	类型	类型的定义
新产品的创新程度	全新产品开发设计	利用全新的技术和原理生产出来的产品
	改进型产品开发设计	在原有产品的技术和原理的基础上，采用相应的改进技术，使外观、性能有一定进步的新产品
	概念性产品开发设计	采用新技术、新结构、新方法或新材料在原有技术基础上有较大突破的新产品

续表

分类依据	类型	类型的定义
新产品所在地的特征	地区或企业产品开发设计	在国内其他地区或企业已经生产，但本地区或本企业初次生产和销售的产品
	国内新产品开发设计	在国外已经试制成功但国内尚属首次生产和销售的产品
	国际新产品开发设计	在世界范围内首次研制成功并投入生产和销售的产品
新产品的开发方式	技术引进型产品开发设计	直接引进市场上已有的成熟技术制造的产品，这样可以避开自身开发能力较弱的难点
	独立开发新产品开发设计	从用户所需要的产品功能出发，探索能够满足功能需求的原理和结构，结合新技术、新材料的研究独立开发制造的产品
	混合开发的产品开发设计	在新产品的开发过程中，既有直接引进的部分，又有独立开发的部分，将两者有机结合在一起而制造出的新产品

2.3.2 产品开发设计的方向

企业开发新产品，把有限的人、财、物，有效地分配在急需的开发项目上，使新产品开发取得最佳效果，关键在于准确地确定新产品开发方向。由于市场竞争日益激烈，消费需求日益多样化和个性化，新产品开发呈现出多能化、系列化、复合化、微型化、智能化、艺术化等发展趋势。因此，企业在选择新产品开发方向时应考虑以下几点。

（1）考虑产品性质和用途。在进行新产品开发前，应充分考察同类产品和相应的替代产品的技术含量和性能用途，确保所开发产品的先进性或独创性，避免“新”产品自诞生之日起就被市场淘汰。

（2）考虑价格和销售量。系列化产品成本低，可以降价出售增加销售量，但是系列化产品单调，也可能影响销售量。因此，对系列化、多样化产品以及价格、销售之间的关系，要经过调查研究再加以确定。

（3）充分考虑消费者需求变化速度和变化方向。随着人们物质生活水平的提高，消费者的需求呈多样化趋势，并且变化速度很快。而开发一样新产品需要一定的时间，这个时间一定要比消费者需求变动的时间短，才能有市场，才能获得经济效益。

2.3.3 产品开发设计的基本方式

企业开发新产品，选择合适的方式很重要。选择得当，适合企业实际，就能少承担风险，易获成功。设计开发新产品一般可分为独创方式、引进方式、改进方式和结合方式四种。

1. 独创方式

从长远考虑，企业开发新产品最根本的途径是自行设计、自行研制，即所谓独创方式。采用这种方式开发新产品，有利于产品更新换代及形成企业的技术优势，也有利于产品竞争。自行研制、开发产品需要企业建立一支实力雄厚的研发队伍、一个深厚的技术平台和一个科学、高效率的产品开发流程。

2. 引进方式

技术引进是开发新产品的一种常用方式。企业采用这种方式可以很快地掌握新产品制造技术，减少研制经费和投入的力量，从而赢得时间，缩短与其他企业的差距。但引进技术不利于形成企业的技术优势和企业产品的更新换代。

3. 改进方式

改进方式是以企业的现有产品为基础，根据用户的需要，采取改变性能、变换型式或扩大用途等措施来开发新产品。采用这种方式可以依靠企业现有设备和技术力量，开发费用低，成功把握大。但是，长期采用改进方式开发新产品，会影响企业的发展速度。

4. 结合方式

结合方式是独创与引进相结合的方式。

2.3.4 产品开发设计的基本程序

新产品开发设计是一项极其复杂的工作，从根据用户需要提出设想到正式产品投放市场为止，其中经历许多阶段，涉及面广、科学性强、持续时间长，因此必须按照一定的程序开展工作，这些程序之间互相促进、互相制约，才能使产品设计开发工作协调、顺利地进行。产品设计开发的程序是指从提出产品构思到正式投入生产的整个过程。由于行业的差别和产品生产技术的不同特点，特别是选择产品开发方式的不同，新产品开发所经历的阶段和具体内容并不完全一样。现以传统加工装配性质的产品开发方式为对象，来说明新产品开发设计需要经历的各个阶段。

2.3.4.1 前期调查研究阶段

设计开发新产品的目的，是为了满足社会和用户需要。用户的要求是新产品开发设计中决策的主要依据。为此，必须认真做好调查计划工作。这个阶段主要是：提出新产品构思创意以及新产品的原理、结构、功能、材料和工艺方面的开发设想和总体方案。

2.3.4.2 新产品开发的构思创意阶段

新产品的开发设计是一种创造性活动，产品创意是开发新产品的关键。在这一阶段，要根据社会调查掌握的市场需求情况以及企业本身条件，充分考虑用户的使用要求和竞争对手的动向，有针对性地提出开发新产品的设想和构思。产品创意对新产品能否开发成功有至关重要的意义和作用。企业新产品开发构思创意主要来自以下三个方面。

（1）来自用户。企业着手开发新产品，首先要通过各种渠道掌握用户的需求，了解用户在使用老产品过程中有哪些改进意见和新的需求，并在此基础上形成新产品开发创意。

（2）来自本企业职工。特别是销售人员和技术服务人员，经常接触用户，用户对老产品的改进意见与需求变化他们都比较清楚。

（3）来自专业科研人员。科研人员具有比较丰富的专业理论和技术知识，要鼓励他们发扬这方面的专长，为企业提供新产品开发的创意。此外，企业还可通过情报部门、工商管理部门、外贸等渠道，征集新产品开发创意。

在分析汇总自以上三个方面的信息后，设计师便可以进入新产品的实际设计工作，设计工作主要包括以下三个方面的内容。

（1）产品构思。产品构思是在市场调查和技术分析的基础上，提出新产品的构想或有关产品改良的建议。

（2）构思筛选。并非所有的产品构思都能发展成为新产品。有的产品构思可能很好，但与企业的发展目标不符合，也缺乏相应的资源条件；有的产品构思可能本身就不切实际，缺乏开发的可能性。

因此，必须对产品构思进行筛选。

（3）产品概念的形成。经过筛选后的构思仅仅是设计人员或管理者头脑中的概念，离产品还有相当的距离。还需要形成能够为消费者接受的、具体的产品概念。产品概念的形成过程实际上就是构思创意与消费者需求相结合的过程。

2.3.4.3 新产品设计阶段

产品设计是指从确定产品设计任务书起到确定产品样机为止的一系列设计工作，是产品开发的重要环节，是产品生产过程的开始，必须严格遵循“三段设计”程序。

（1）初步设计阶段。此阶段一般是为下一步技术设计作准备。这一阶段的主要工作就是编制设计任务书，让委托方对设计任务书提出体现产品合理设计方案的改进性和推荐性意见，经委托方批准后，作为新产品技术设计的依据。它的主要任务在于正确地确定产品最佳总体设计方案、设计依据、产品用途及使用范围、基本参数及主要技术性能指标、产品工作原理及系统标准化综合要求、关键技术解决办法及关键元器件，进行特殊材料资源分析、对新产品设计方案进行分析比较，运用价值工程，研究确定产品的合理性能（包括消除剩余功能）及通过不同结构原理和系统的比较分析，从中选出最佳方案等。

（2）技术设计阶段。技术设计阶段是新产品的定型阶段。它是在初步设计的基础上完成设计过程中必须的试验研究（新原理结构、材料元件工艺的功能或模具试验），并写出试验研究大纲和研究试验报告；制定产品设计计算书；画出产品总体尺寸图、产品主要零部件图，并校准；运用价值工程，对产品中造价高的、结构复杂的、体积笨重的、数量多的主要零部件的结构、材质精度等选择方案进行成本与功能关系的分析，并编制技术经济分析报告；绘出各种系统原理图；提出特殊元件、外购件、材料清单；对技术任务书的某些内容进行审查和修正；对产品进行可靠性、可维修性分析。

（3）工作图设计阶段。工作图设计的目的，是在技术设计的基础上完成供试制（生产）及随机出厂用的全部工作图样和设计文件。设计者必须严格遵守有关标准和指导性文件的规定，设计绘制各项产品工作图。

2.3.4.4 新产品试制与评价鉴定阶段

新产品试制阶段又分为样品试制和小批试制阶段。

（1）样品试制阶段。它的目的是考核产品设计质量，考验产品结构、性能及主要工艺，验证和修正设计图纸，使产品设计基本定型，同时也要验证产品结构工艺性，审查主要工艺上存在的问题。

（2）小批试制阶段。这一阶段的工作重点在于工艺准备，主要目的是考验产品的工艺，验证它在正常生产条件下（即在生产车间条件下）能否保证所规定的技术条件、质量和良好的经济效果。试制后，必须进行鉴定，对新产品从技术上、经济上作出全面评价。然后才能得出全面定型结论，正式投入生产。

2.3.4.5 生产技术准备阶段

在这个阶段，应完成全部工作图的设计，确定各种零部件的技术要求。

2.3.4.6 正式生产和销售阶段

在这个阶段，不仅需要作好生产计划、劳动组织、物资供应、设备管理等一系列工作，还要考虑如何把新产品引入市场，如研究产品的促销宣传方式、价格策略、销售渠道和提供服务等方面的问题。新产品的市场开发既是新产品开发过程的终点，又是下一代新产品再开发的起点。通过市场开发，可确切地了解开发的产品是否适应需要以及适应的程度；分析与产品开发有关的市场情报，可为开发产品决策、为改进下一批（代）产品、为提高开发研制水平提供依据，同时还可取得有关潜在市场大小的数据资料，产品开发及生产流程见图 2-6。

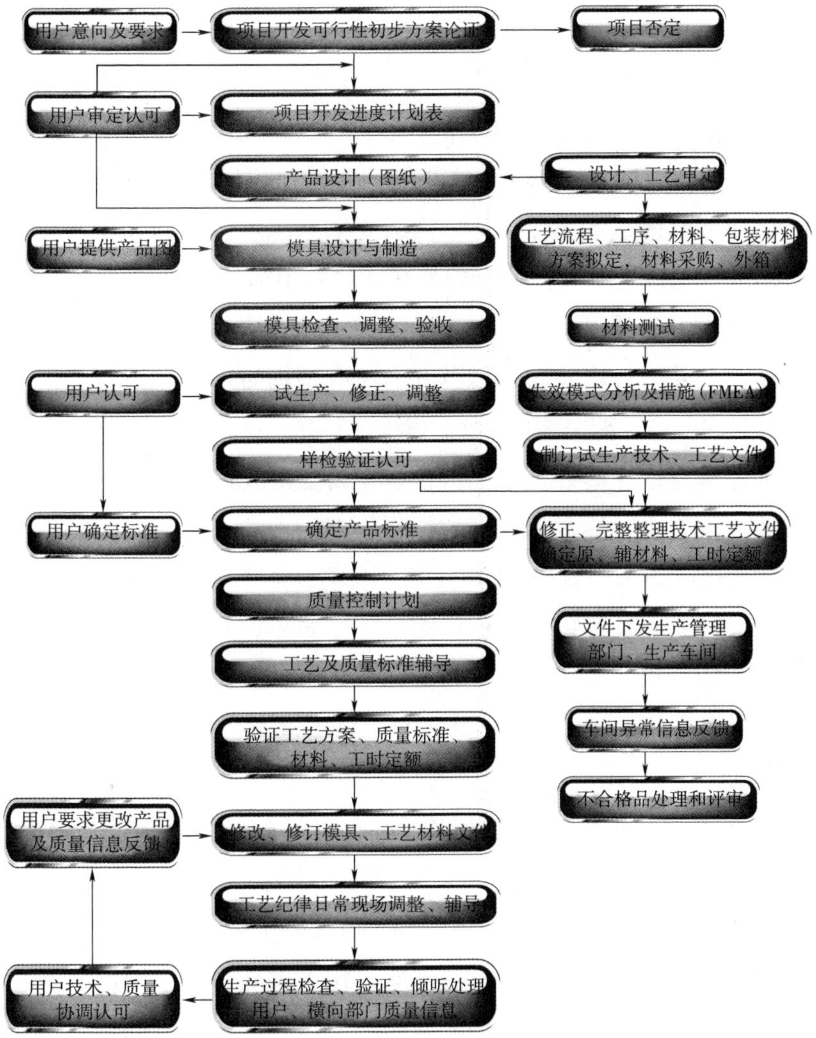

图 2-6　产品开发及生产流程图

2.4　产品开发过程细分

2.4.1　产品功能设计

功能是产品与使用者之间最基本的关系。人们在使用一件产品的过程中，经由功能获得需求的满足。产品的功能设计集中体现了产品设计的易用性原则。经过功能设计，在合乎易用性的基本原则基础之上，人们才能进一步探求产品的适用、创新与致美原则。

“功能”的解释是：事物或方法所发挥的有利的作用。德国工程师协会有关设计方法学的指导性文件对“功能”的定义为“系统为完成某项任务，而对输入、输出和状态参数之间的一般关系的抽象”。

产品功能设计是指以消费者的潜在需求为依据，细分并逐一确定产品的功能，经过功能的成本核算后，由专业人员进行产品设计、企业安排生产、通过定价分析，开展针对性的营销，使企业跳出产品同质化竞争的陷阱。功能设计实质上是市场细分理论的深化，市场细分方法有很多种，但归根结底都是以功能细分的。今天的同类产品之间的竞争已演变为消费心理战。竞争的胜出者总是那些最早破译顾客购买动机的设计者或开发商。在功能细分后的市场，往往能出现具有绝对优势的新领导品牌。实施得当的产品功能设计往往成为帮助企业在竞争中获胜的重要途径。

随着微电子技术的发展，许多功能模块被集成在同一款产品上，以最常见的移动电话为例，功能强大的手机除通话功能外，还被集成了文字编辑功能、媒体播放功能、无线收音功能、录音录像功能、信息提示功能等，产品功能越来越多；但另一方面，有些功能被使用的频率却越来越少，多功能在带给使用者方便的同时，也意味着它所具有的大部分功能往往不能被最大化，而沦为功能的“鸡肋”。此外，多功能产品会强迫使用者为其根本不需要的功能而付费，同时也增加了产品的开发成本与使用中出现故障的几率。因而，产品的功能并非越多越好，而应根据对市场和消费者的不同细分，来确定产品的功能种类及数量。有的产品功能需要增加，而有时必须减少。

成熟的消费者大部分都有这样的心理，他们会根据自己的实际情况分析，在多数情况下，他们已经不再盲目追求多功能，因为多功能意味着多付钱！很多消费者，譬如老人，他们使用手机的目的只是为了通话（有的也只会打电话），而根本不需要其他功能。对于这类消费者，手机的功能设计应趋于单纯易懂，便以操作、待机时间长等特征。手机的功能越简单，其成本也相应的降低，在老年消费群体中越具有竞争力。再比如，很多儿童用品，如婴儿车，不少家长在选择婴儿车的时候，往往很难在品种众多、价格各异的同类产品中做出取舍。除去车价格因素不提，婴幼儿最大的特点便是成长迅速，这就要求婴幼儿用品的设计能够具备一定的弹性空间，如儿童车、床可以在一定范围内自由加长等。

设计者应该注意以下几点：首先，没有饱和的市场，只有不合时宜的功能；饱和是相对的，需求是绝对的；其次，在买方市场中可以不断地创造新的卖方市场；第三，一切从消费者出发，功能设计的灵感来源于对消费者潜意识需求细致入微的体察和对市场需求规律的精确把握。

设计一款产品，最终的使用者还是消费者。因此，作为设计师，在做产品设计的时候，必须时刻考虑消费者的心理感受，力争使每一款产品都能够满足消费者的需求，准确地来说，就是满足不同消费者的需求。满足他们对产品的价格、功能、外型、色彩、质量等的要求。因为，不同的消费者，其居住环境、文化程度、民族、年龄、性别等因素的不同，决定了其对产品的要求各异，这一点必须引起设计者足够的重视。因而，在设计过程中，应该充分考虑产品的功能是“增”还是“减”。并不是只有“增”才是好的，在一定情况下，产品的功能可能越单纯越好。比如前文提到的那款专为老年人设计的手机，就是很好的一个“减”的实例。同时，设计者应该从消费者出发，产品功能设计的灵感来源于对消费者潜在需求的细致体察和对市场需求规律的精确把握。只有这样，经过严格细致的功能设计的产品才会有好的市场。当然，提高产品的性能和品位不光只从产品的功能设计上着手，产品的外观、质量等方面也是不容忽视的。所有的这些，都能够提升产品的品位，扩大产品的销路。

产品功能的分类可以包括如下几方面（见图 2–7）。

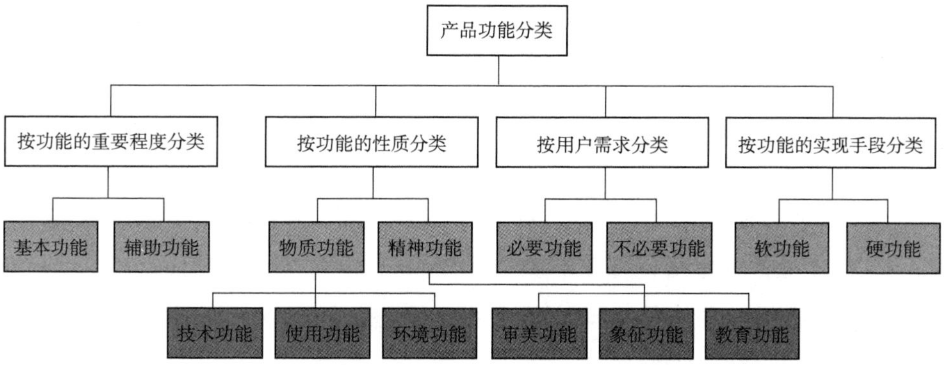

图 2-7　产品功能分类结构图

（1）按照功能的重要程度分类，产品的功能可分为基本功能和辅助功能。基本功能指的就是设计对象最主要的功能，无论产品的附加功能怎样扩充，都不能替代其基本功能。

（2）按照功能的性质分类，产品的功能可分为物质功能和精神功能。物质功能指产品的实际使用功能、材质功能以及产品的适用性、可靠性、安全性和维修性等客观性功能。精神功能则是指产品的外观造型给人的审美感受和产品的物质功能本身所表现出的审美反馈。精神功能具有情感化设计的特征。

（3）按照用户需求分类，产品功能可分为必要功能和不必要功能。必要功能属于用户实用性功能，这种功能必须满足用户需求。

（4）按照功能的实现手段分类，产品的功能可划分为硬功能和软功能。硬功能指真实存在的实体功能。软功能是一种没有固定体态的软件功能，其存在方式不是现实存在的直观的事物，而是虚拟化的、数据化的预先设定。

功能定义，就是把设计对象所要求的功能进行抽象的描述，逐一下定义。把产品的物理特性分解、组合，逐项转换成各功能特征，以明确产品的本质。

功能定义的对象既可以是产品，也可以是它们的组成部分，既要对产品总体下定义，又要对各有关零部件下定义，因为用户所需求的终极功能，往往需要许多中间功能形式或其他功能形式及手段来实现。

功能定义的步骤主要包括：明确产品的目的，也就是用户的基本需求；明确产品的整体功能，即产品的最基本功能；在功能整体定义的基础上，由上而下、由主到次地逐级为产品的各构成要素明确功能定义；找出那些受使用条件、使用时间、使用环境等限制而派生的次要功能。

2.4.2　制造与装配设计

传统产品设计是采用“串行”的方法进行，这种设计方式的弊端是各个环节缺少交流和沟通，设计很少考虑其下游的工艺、制造、装配、检测、维修、对环境的影响，直至报废处理方面的道德内容。这就导致了很多产品在被制造出来以后，往往还要进行多次设计更改，从而造成巨大浪费，增加产品成本，推迟产品上市时间，从而导致设计改动量大、产品开发周期长、产品成本高和产品质量难以保证等问题，造成人力和物力的巨大浪费。

面向制造和装配的设计（Design for Manufacturing and Assembly，DFMA）这一设计理念的提出，向传统的产品开发模式提出了挑战。应用 DFMA 的设计思想和相关工具，设计师可以在设计的每一个阶段都获得有关选择材料、工艺以及零部件的成本分析等设计信息。它是一种全新的更加简单、更为有效的产品开发方法，为企业降低生产成本，缩短产品开发周期、提高企业效益提供了一条可行之路。

对一个新产品来讲，产品的成本和开发周期是决定这个设计成败的关键因素。国际上著名的“影子理论”：产品设计开支虽然只占产品总成本的5%，但它却影响产品整个成本的70%。还有一个著名的“28”原则：产品设计约占整个新产品开发周期的20%，但它却决定了产品总成本的80%。可以看出仅占产品成本5%的产品设计在很大程度上决定了整个产品的成本及质量。

DFMA技术是DFX的另一种统称，该技术是并行工程关键技术的重要组成部分，其思想已贯穿企业开发过程的始终。它涵盖的内容很多，涉及到产品的制造、装配、检测、维护、报废处理等各个阶段，DFMA的系列技术包括：DFA（Design For Assembly，面向装配的设计）、DFM（Design For Manufacture，面向制造的设计）、DFT（Design For Testing，面向测试的设计）、DFS（Design For Service，面向维护的设计）、DFE（Design For Environment，面向环境的设计）、DFD（Design For Discarding，面向报废的设计）等。目前应用较多的是机械领域的DFA和DFM，使机械产品在设计的早期阶段就解决了可装配性和可制造性问题，为企业带来了显著的效益。DFA指在产品设计早期阶段考虑并解决装配过程中可能存在的问题，以确保零件快速、高效、低成本地进行装配。

DFMA是并行工程关键技术的重要组成部分，其思想已贯穿企业开发过程的始终。它涵盖的内容很多，涉及产品开发的各个阶段，除了上面所提到的内容，还包括面向成本所设计的通用的产品模型，以达到易于装配、提高装配效率和降低装配成本的目的。在制造业日益发达的今天，在满足各种行业标准和法规的前提下，许多公司都形成了各具特色的产品开发模式。任何一种行而有效的产品开发方法，都必须在充分考虑目前现有的产品开发和生产能力的同时进行最优化的产品设计。

装配设计的出发点在于尽可能快地将某一产品装配在一起，并确保最终装配质量。从广义上讲，DFA就是在产品设计的初级阶段，对产品的装配过程进行量化分析，优化产品设计，减少装配时间，以获得最低的装配费用。无论是确保产品的可装配性，还是减少产品的成本，DFA通常所采用的手段是尽可能减少组成产品零部件数量，并确保所有零件易于制造和装配。DFA的设计遵循的主要准则如下。

（1）使用最少零件数量。减少具有许多优点，但是零件数量的减少不是无限制的，应当确保不出现由于零件的减少而使零件的形状太复杂或太笨重，以致于难以装配和制造的情形。减少零件数量的最好方法就是取消功能重复的零件或使某些零件具有多功能，以减少多余零件。

（2）装配方向最少。所有的零件应尽可能在同一方向上进行装配，装配方向过多将会增加装配线的长度，增大装配操作位置和延长装配时间，影响装配效率。在自动化装配和机器人装配中，要避免装配方向与重力方向冲突，应采用自上而下的装配方案。

（3）采用模块化设计。尤其对柔性自动装配线各模块质量问题可以分别处理，而不影响其他生产线的运行，减少了自动生产停工时间，更新和服务更简便、快捷。

（4）减少装配工作面。使一个工作面的全部装配工作完成后再移至另一个工作面。

（5）尽量减少使用紧固件，如螺钉等。

（6）使装配在外部进行。装配操作应很容易被观察到，对手工和自动化装配都很重要。

（7）使零件易于识别。尽量将零件设计成对称形状，不对称时，应增加或扩大一些不对称特征，使零件易于识别，避免误装。

（8）优化零件的抓取。避免设计的零件钩咬、缠结。

（9）对装配在一起的零件应有互锁特征。例如，设计时增加一些凹凸特征，可使零件保持原位。

2.4.3 虚拟装配极其相关技术

2.4.3.1 虚拟装配技术相关概念内涵分析

虚拟装配技术是指综合利用虚拟现实、计算机图形学、人工智能和仿真等技术，在虚拟环境下对产品的装配过程和装配结果进行建模、仿真与分析，从而达到检验、评价和预测产品的装配质量并对产品的装配顺序、装配路径、装配方法、装配资源、人因工程等相关问题进行辅助分析和决策的技术统称。与虚拟装配技术相关的概念有虚拟现实技术、数字化预装配技术等。

基于虚拟现实的产品虚拟拆装技术在新产品开发、产品的维护以及操作培训方面具有独特的作用。在交互式虚拟装配环境中，用户使用各类交互设备（数据手套 / 位置跟踪器、鼠标 / 键盘、力反馈操作设备等）像在真实环境中一样对产品的零部件进行各类装配操作，在操作过程中系统提供实时的碰撞检测、装配约束处理、装配路径与序列处理等功能，从而使得用户能够对产品的可装配性进行分析、对产品零部件装配序列进行验证和规划、对装配操作人员进行培训等。在装配（或拆卸）结束以后，系统能够记录装配过程的所有信息，并生成评审报告、视频录像等供随后的分析使用。

虚拟装配是虚拟制造的重要组成部分，利用虚拟装配，可以验证装配设计和操作正确与否，以便及早发现装配中的问题，对模型进行修改，并通过可视化显示装配过程。虚拟装配系统允许设计人员考虑可行的装配序列，自动生成装配规划，它包括数值计算、装配工艺规划、工作面布局、装配操作所模拟等。现在产品的制造正在向着自动化、数字化的方向发展，虚拟装配是产品数字化定义中的一个重要环节。

虚拟装配技术的发展是虚拟制造技术的一个关键部分，但相对于虚拟制造的其他部分而言，它又是最薄弱的环节。虚拟装配技术发展滞后，使得虚拟制造技术的应用性大大减弱，因此虚拟装配技术的发展也就成为目前虚拟制造技术领域内研究的主要对象，这一问题的解决将使虚拟制造技术形成一个完善的理论体系，使生产真正在高效、高质量、短时间、低成本的环境下完成，同时又具备了良好的服务。虚拟装配从模型重新定位、分析方面来讲，它是一种零件模型按约束关系进行重新定位的过程，是有效的分析产品设计合理性的一种手段；从产品装配过程来讲，它是根据产品设计的形状特性、精度特性，真实地模拟产品三维装配过程，并允许用户以交互方式控制产品的三维真实模拟装配过程，以检验产品的可装配性。

作为虚拟制造的关键技术之一，虚拟装配技术近年来受到了学术界和工业界的广泛关注，并对敏捷制造、虚拟制造等先进制造模式的实施具有深远影响。通过建立产品数字化装配模型，虚拟装配技术在计算机上创建近乎实际的虚拟环境，可以用虚拟产品代替传统设计中的物理样机，能够方便地对产品的装配过程进行模拟与分析，预估产品的装配性能，及早发现潜在的装配冲突与缺陷，并将这些装配信息反馈给设计人员。运用该技术不但有利于并行工程的开展，而且还可以大大缩短产品开发周期，降低生产成本，提高产品在市场中的竞争力。

2.4.3.2 虚拟装配的分类

按照实现功能和目的的不同，目前针对虚拟装配的研究可以分为如下三类：以产品设计为中心的虚拟装配、以工艺规划为中心的虚拟装配和以虚拟原型为中心的虚拟装配。

（1）以产品设计为中心的虚拟装配：虚拟装配是在产品设计过程中，为了更好地帮助进行与装配有关的设计决策，在虚拟环境下对计算机数据模型进行装配关系分析的一项计算机辅助设计技术。它结合面向装配设计（Design for Assembly，DFA）理论和方法，基本任务就是从设计原理方案出发，在各种因素制约下寻求装配结构的最优解，由此拟定装配草图。它以产品可装配性的全面改善为目的，通过模拟试装和定量分析，找出零部件结构设计中不适合装配或装配性能不好的结构特征，进行设计修改。最终保证所设计的产品从技术角度分析，零部件的装配是合理可行的；从经济角度来讲应尽可能降低产品总成本，同时还必须兼顾人因工程和环保等社会因素。

（2）以工艺规划为中心的虚拟装配：基于产品信息模型和装配资源模型，采用计算机仿真和虚拟现实技术进行产品的装配工艺设计，从而获得可行且较优的装配工艺方案，指导实际装配生产。根据涉及的范围和层次的不同，又分为系统级装配规划和作业级装配规划。前者是装配生产的总体规划，主要包括市场需求、投资状况、生产规模、生产周期、资源分配、装配车间布置、装配生产线平衡等内容，是装配生产的纲领性文件。后者主要指装配作业与过程规划，主要包括装配顺序的规划、装配路径的规划、工艺路线的制定、操作空间的干涉验证、工艺卡片和文档的生成等内容。

工艺规划为中心的虚拟装配，以操作仿真的高真实度为特色，主要体现在虚拟装配实施对象、操作过程以及所用的工装工具，均与生产实际情况高度吻合，因而可以生动直观地反映产品装配的真实过程，使仿真结果具有高可信度。

（3）以虚拟原型为中心的虚拟装配：虚拟原型是利用计算机仿真系统在一定程度上实现产品的外形、功能和性能模拟，以产生与物理样机具有可比性的效果来检验和评价产品特性。传统的虚拟装配系统都是以理想的刚性零件为基础，虚拟装配和虚拟原型技术的结合，可以有效分析零件制造和装配过程中的受力变形对产品装配性能的影响，为产品形状精度分析、公差优化设计提供可视化手段。以虚拟原型为中心的虚拟装配主要研究内容包括考虑切削力、变形和残余应力的零件制造过程建模、有限元分析与仿真、配合公差与零件变形，以及计算结果可视化等方面。

2.4.3.3 虚拟装配的构成

虚拟装配由两部分组成，即虚拟现实软件内容和虚拟现实外设设备，这两个协同工作，缺一不可，这样才能制造出交互性与沉浸性于一体的虚拟装配环境。虚拟现实软件内容一般由各种 VR 软件组成，先在三维软件中根据虚拟现实的内容制作相应的三维模型，然后再把这些三维模型导入到 VR 软件中，接下来就需要硬件设备来支撑这些软件程序。

虚拟现实技术的特征之一就是人机之间的交互性，为了实现人机之间的充分交换信息，必须设计特殊输入和演示设备，以影响各种操作和指令，且提供反馈信息，实现真正生动的交互效果。不同的项目可以根据实际应用有选择地使用这些工具，主要包括：VR 系列虚拟现实工作站、立体投影、立体眼镜或头盔显示器、三维空间跟踪定位器、数据手套、3D 立体显示器、三维空间交互球、多通道环幕系统、建模软件等。

如今，很多软件开发企业已经开始有针对性地开发虚拟装配系统软件系统，为仿真用户在计算机上提供一个实时、身临其境的三维虚拟环境，通过立体视觉、听觉、触觉等效果，全面逼真地反映现实的维修和技术保障的环境及其实现过程，从而实现装配校验可视化、仿真整个装配过程、碰撞、干涉检查，自动生成干涉曲线、动态剖面检查、内置免碰撞求解器，自动生成免碰撞装配路径、校验装配工具与人体的可达性、校验运动的装配工具等目标。

2.4.4 计算机辅助设计与制造相关软件

2.4.4.1 Rhino（犀牛）

Rhino 是美国 Robert McNeel 公司开发的 PC 上强大的专业 3D 造型软件，它可以广泛地应用于三维动画制作、工业制造、科学研究以及机械设计等领域。其设计团队是原 ALIAS Design Studio 设计程序师。它能轻易整合 3DS MAX 与 Softimage 的模型功能部分，对要求精细、弹性与复杂的 3D NURBS 模型，有点石成金的效能。能输出 obj、DXF、IGES、STL、3dm 等不同格式，并适用于几乎所有 3D 软件，尤其对增加整个 3D 工作团队的模型生产力有明显效果。Rhino3D NURBS（Non-Uniform Rational B-Spline，非均匀有理 B 样条）曲线，是一个功能强大的高级建模软件。从设计稿、手绘到实际产品，或是只是一个简单的构思，Rhino 所提供的曲面工具可以精确地制作所有用来作为渲染表现、动画、工程图、分析评估以及生产用的模型。Rhino 可以在 Windows 系统中建立、编辑、分析和转换 NURBS 曲线、曲面和实体，不受复杂度、阶数以及尺寸的限制。Rhino 也支援多边形网格和点云。不受约束地自由造型 3D 建模工具，同时也完全符合设计、快速成形、工程、分析和制造从飞机到珠宝所需的精确度。因而，Rhino 凭借其三维建模能力强、简单易学的操作方式、低廉的价格，成为工业设计专业人员重要的设计软件。

2.4.4.2 Pro/Engineer

Pro/E 是美国 PTC 公司旗下的产品 Pro/Engineer 软件的简称。Pro/E（Pro/Engineer 操作软件）是美国参数技术公司（Parametric Technology Corporation，PTC）的重要产品，是一款集 CAD/CAM/CAE（计算机辅助设计 / 制造 / 工程）功能一体化的综合性三维软件，在目前的三维造型软件领域中占有重要地位，并作为当今世界机械 CAD/CAE/CAM 领域的新标准而得到业界的认可和推广，是现今最成功的 CAD/CAM 软件之一。

目前已经发布了 Pro/ENGINEER WildFire5.0（野火 5）。PTC 的系列软件包括了在工业设计和机械设计等方面的多项功能，还包括对大型装配体的管理、功能仿真、制造、产品数据管理等。Pro/E 还提供了全面的、集成紧密的产品开发环境，是一套由设计至生产的机械自动化软件，是新一代的产品造型系统，是一个参数化、基于特征的实体造型系统，并且具有单一数据库功能的综合性 MCAD 软件。

Pro/E 经过长期的发展，其特点和优势主要包括如下几方面。

（1）参数化设计和特征功能。Pro/E 是采用参数化设计的、基于特征的实体模型化系统，工程设计人员采用具有智能特性的基于特征的功能去生成模型，如腔、壳、倒角及圆角，用户可以随意勾画草图，轻易改变模型。这一功能特性给工程设计者提供了在设计上从未有过的简易和灵活。

（2）单一数据库。Pro/E 是建立在统一基层上的数据库上，不像一些传统的 CAD/CAM 系统建立在多个数据库上。所谓单一数据库，就是工程中的资料全部来自一个库，使得每一个独立用户在为一件产品造型而工作，不管他是哪一个部门的。换言之，在整个设计过程的任何一处发生改动，亦可以前后反映在整个设计过程的相关环节上。例如，一旦工程详图有改变，NC（数控）工具路径也会自动更新；组装工程图如有任何变动，也完全同样反映在整个三维模型上。这种独特的数据结构与工程设计的完整结合，使得产品的设计更优化，成品质量更高，产品能更好地推向市场，价格也更便宜。

（3）全相关性。Pro/E 的所有模块都是全相关的。这就意味着在产品开发过程中某一处进行的修改，能够扩展到整个设计中，同时自动更新所有的工程文档，包括装配体、设计图纸，以及制造数据。全相关性鼓励在开发周期的任一点进行修改，却没有任何损失，并使并行工程成为可能，所以能够使开发后期的一些功能提前发挥其作用。

（4）基于特征的参数化造型。Pro/E 使用用户熟悉的特征作为产品几何模型的构造要素。这些特征是一些普通的机械对象，并且可以按预先设置很容易进行修改。例如，设计特征有弧、圆角、倒角等，它们对工程人员来说是很熟悉的，因而易于使用。装配、加工、制造以及其他学科都使用这些领域独特的特征。通过给这些特征设置参数（不但包括几何尺寸，还包括非几何属性），然后修改参数，很容易进行多次设计迭代，实现产品开发。

（5）数据管理。加速投放市场，需要在较短的时间内开发更多的产品。为了实现这种效率，必须允许多个学科的工程师同时对同一产品进行开发。数据管理模块的开发研制，正是专门用于管理并行工程中同时进行的各项工作，由于使用了 Pro/E 独特的全相关性功能，因而使之成为可能。

（6）装配管理。Pro/E 的基本结构能够使用户利用一些直观的命令，如“啮合”、“插入”、“对齐”等很容易地把零件装配起来，同时保持设计意图。高级的功能支持大型复杂装配体的构造和管理，这些装配体中零件的数量不受限制。

（7）易于使用。菜单以直观的方式联级出现，提供了逻辑选项和预先选取的最普通选项，同时还提供了简短的菜单描述和完整的在线帮助，这种形式使得容易学习和使用。

2.4.4.3 SolidWorks

SolidWorks 为达索系统公司（Dassault SystemesS.A）下的子公司，专门负责研发与销售机械设计软件的视窗产品。达索公司负责系统性的软件供应，并为制造厂商提供具有 Internet 整合能力的支援服务。该集团提供涵盖整个产品生命周期的系统，包括设计、工程、制造和产品数据管理等各个领域中的最佳软件系统，著名的 CATIAV5 就出自该公司之手，目前达索的 CAD 产品市场占有率居世界前列。

功能强大、易学易用和技术创新是 SolidWorks 的三大特点，这使得 SolidWorks 成为领先的、主流的三维 CAD 解决方案。SolidWorks 能够提供不同的设计方案、减少设计过程中的错误以及提高产品质量。SolidWorks 不仅提供如此强大的功能，同时对每个工程师和设计者来说，操作简单方便、易学易用。

对于熟悉微软 Windows 系统的用户，基本上就可以用 SolidWorks 来搞设计了。SolidWorks 独有的拖拽功能可以使用户在比较短的时间内完成大型装配设计。SolidWorks 资源管理器是同 Windows 资源管理器一样的 CAD 文件管理器，用它可以方便地管理 CAD 文件。使用 SolidWorks，用户能在比较短的时间内完成更多的工作，能够更快地将高质量的产品投放市场。在强大的设计功能和易学易用的操作（包括 Windows 风格的拖 / 放、点 / 击、剪切 / 粘贴）协同下，使用 SolidWorks，整个产品设计是可百分之百编辑的，零件设计、装配设计和工程图之间是全相关的。

SolidWorks 提供了一整套完整的动态界面和鼠标拖动控制。“全动感的”的用户界面减少了设计步骤，减少了多余的对话框，从而避免了界面的零乱。崭新的属性管理员可以高效地管理整个设计过程和步骤。属性管理员包含所有的设计数据和参数，而且操作方便、界面直观。用 SolidWorks 资源管理器可以方便地管理 CAD 文件。SolidWorks 资源管理器是唯一一个同 Windows 资源器类似的 CAD 文件管理器。特征模版为标准件和标准特征提供了良好的环境，用户可以直接从特征模版上调用标准的零件和特征，并与设计团队共享。SolidWorks 提供的 AutoCAD 模拟器，使得 AutoCAD 用户可以保持原有的作图习惯，顺利地从二维设计转向三维实体设计。

配置管理是 SolidWorks 软件体系结构中非常独特的一部分，它涉及到零件设计、装配设计和工程图。配置管理使得用户能够在一个 CAD 文档中，通过对不同参数的变换和组合，派生出不同的零件或装配体。同时，SolidWorks 提供了技术先进的工具，使得用户通过互联网进行协同工作。在 SolidWorks 中，当生成新零件时，用户可以直接参考其他零件并保持这种参考关系。在装配的环境里，可以方便地设计和修改零部件。对于超过 1 万个零部件的大型装配体，SolidWorks 的性能得到了极大提高。SolidWorks 可以动态地查看装配体的所有运动，并且可以对运动的零部件进行动态的干涉检查和间隙检测；可以用智能零件技术自动完成重复设计。智能零件技术是一种崭新的技术，用来完成诸如将一个标准的螺栓装入螺孔中，而同时按照正确的顺序完成垫片和螺母的装配。

SolidWorks 提供了生成完整的、车间认可的详细工程图的工具。工程图是全相关的，当用户修改图纸时，三维模型、各个视图、装配体都会自动更新，从三维模型中自动产生工程图，包括视图、尺寸和标注。增强了的详图操作和剖视图，包括生成剖中剖视图、部件的图层支持、熟悉的二维草图功能，以及详图中的属性管理员。使用 RapidDraft 技术，可以将工程图与三维零件和装配体脱离，进行单独操作，以加快工程图的操作，但保持了与三维零件和装配体的全相关。用交替位置显示视图能够方便地显示零部件的不同位置，以便了解运动的顺序。交替位置显示视图是专门为具有运动关系的装配体而设计的独特的工程图功能。

第3章
Chapter3

产品开发的步骤方法

产品设计是一个对各方面信息进行创新性综合处理的过程，在这个过程中，不仅要考虑产品视觉特征、使用需求、经济效益，更应当关注产品设计开发的过程和运用的方法。一个成功的产品，从产品的构思到切实可行的方案的执行，再到最后的商品化运作，每一步都要经过缜密的设计管理，确定整个设计开发的系统，从而满足多方面的需求。

3.1　新产品开发设计的过程

产品设计主要解决工业产品的设计问题，不同类别的产品其复杂程度也有所不同，但每一个产品设计的过程都是一个创造、创新的过程，都要考虑与产品有关的方方面面的问题，例如，是否满足人的生理或心理需求、是否对环境无害、是否能够在技术上得以实现、是否节约成本等，这就要求工业设计师必须通盘考虑，明确设计过程中的各个要素和设计流程，并把这些与产品相关的各个设计要素转化为最合适的产品。

产品设计种类繁多，归纳起来大体分为以下几种：①创新设计，是在原有产品基础上进行全新的设计，用工业设计的程序和方法在功能、造型、结构、材料等方面进行创新；②改良设计，是指针对现有产品的情况，为了提升产品附加值、改进性能、提高质量，在产品的局部做一些修改或仅仅进行表面上的美化，这是产品商品化过程中普遍存在的设计创新工作；③前瞻性设计，也可以称作概念设计，是以设计的手段对未来的生活方式进行探索性的设计尝试，满足近期或未来的需求。当然，概念设计不是异想天开，它应基于现有的或将来有可能实现的技术。

不同的设计种类对应不同的设计程序和方法，应具体情况具体分析。一般来讲，新产品开发应遵循以下步骤。

3.1.1　设计定位

一个新产品的开发过程是“发现问题、提出问题、解决问题”的过程。准确地发现问题，同时提出问题是设计工作的起点。爱因斯坦（Albert Einstein）曾经说过：“提出一个问题往往比解决一个问题更为重要，因为解决一个问题也许只是一个数学上或实验上的技巧问题。而提出新的问题、新的可能性，从新的角度看旧问题，却需要创造性的想象力，而且标志着科学的真正进步”。在作了充分的市场调研之后，工业设计师要认真分析，准确发现问题所在，将问题分解，分析构成问题的各个要素，然后对设计进行准确的定位。

在实际的设计活动中，设计定位指的是设计师赋予设计诸要素以准确合理的位置，它对整个设计活动起指导性作用，直接关系着新产品开发的成败。这种设计定位一般包括品牌定位、市场定位、消费者定位、产品定位（包括功能定位、造型定位、色彩定位、材料定位等），细致严谨的设计定位能够帮助设计师在设计过程中将主要精力放在最重要的问题上，避免走弯路、浪费资源。通常我们使用“5W2H”的方法对设计进行定位，即：

（1）WHY——为什么？为什么要这么做？设计的理由和目的要明确。

（2）WHAT——是什么？目的是什么？做什么工作？设计的内容要明确。

（3）WHERE——何处？在哪里做？从哪里入手？设计地点和联络关系网要确定。

（4）WHEN——何时？什么时间完成？即完成设计的具体日程。

（5）WHO——谁？由谁来负责？谁来完成？产品设计开发相关人员的确定。

（6）HOW——怎么做？运用何种方法提高效率？如何实施？设计策略的制定。

（7）HOW MUCH——多少？做到什么程度？质和量的情况如何？设计成本的预算。

市场是千变万化的，人们的需求也随着市场的变化而变化，因此在对设计进行定位的过程中要具体问题具体分析，紧密联系市场，不能一蹴而就。

3.1.2 设计构思

经过充分的前期准备，准确的设计定位后，设计工作进入构思阶段。这个阶段是工业设计师自主发挥想象力和创新精神，运用各种方法（如头脑风暴法、类比法、形态分析法等）构思产品形象，以达到设计定位的要求。设计构思可以通过以下几种方式进行。

1. 文字构思

通过抓取设计定位中的关键词汇或关键语句，对其进行拆分、类比、归纳，最终得到一些有各种词汇和语句组合起来的形象体，这个形象体就是后期进行草图设计的重要依据。比如2010年光宝创新奖的竞赛主题是“绿海·进化”，针对便利产品缺乏绿色永续设计理念的现象，希望设计者能够赋予产品绿色生命，开辟绿海商机（见图3-1）。

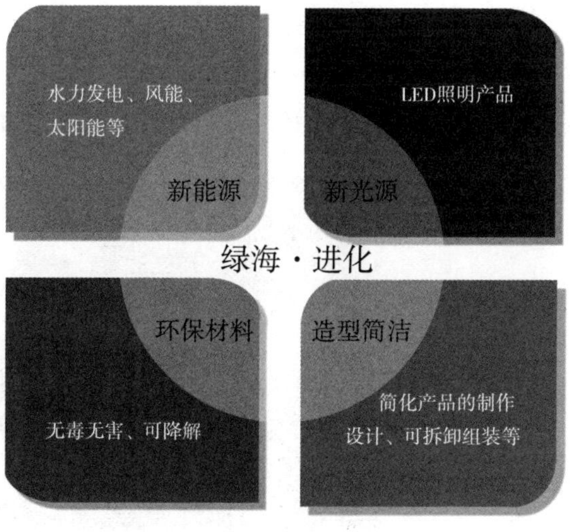

图3-1 产品设计文字构思

针对设计的具体要求，可以继续往下发展，一步步思考、类比、归纳，找现有的同类产品作为参考，最终找到一个有特色的创新点。

2. 草图构思

当文字构思出现形象体时，应该用草图的形式迅速将其捕捉下来，因为某些灵感可能一闪而过，用草图进行记录并分析和完善是帮助设计师思考的重要步骤。

在草图构思的过程中，要手、心、脑并用，将模糊的形体明确化、具体化，形成初步的设计构思。

同时可以使用故事板的方法帮助进行设计构思。在新产品开发的前期构思阶段，工业设计师需要和客户、消费者、设计团队成员之间进行有效的沟通，将其设计想法在这些人之间进行讨论、评价和选择。故事板作为一种视觉化的语言是一种很好的沟通工具，设计师可以站在消费者或客户的角度，对产品的使用场景、环境状况、人机互动性进行可视化的想象，绘制脚本，画出分镜流程图以及各场景的情景画面，同时研讨情景中值得探讨的关键议题，从而发展出新的设计概念或评断设计想法是否符合新产品开发的要求（见图 3-2）。

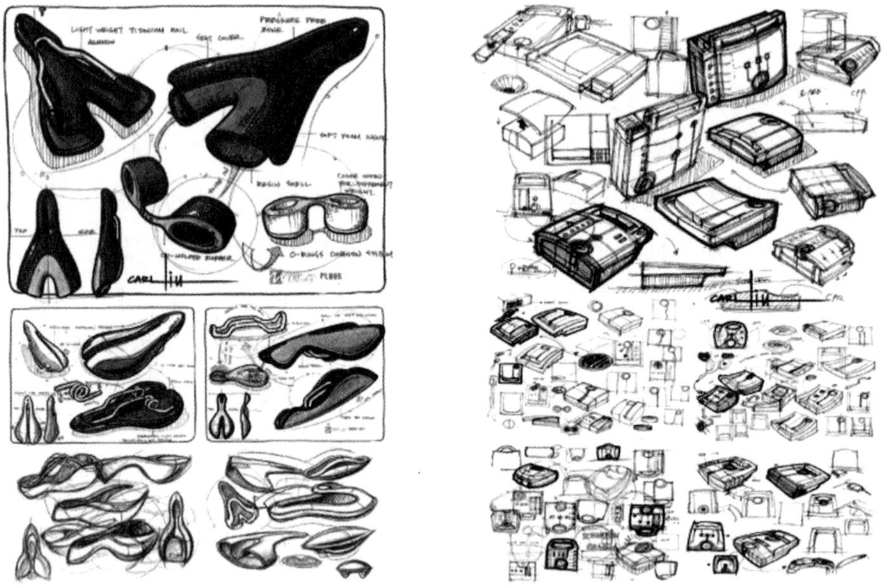

图 3-2　刘传凯工业设计产品手绘图

3. 草模构思

草模构思是运用二维或三维软件对设计方案进行效果图的绘制、渲染，通过软件将产品的外部基本的立体形态表现出来。常用的二维设计表现软件有 Photoshop、Illustrator、CorelDraw 等，三维软件有 3DSMax、AutoCAD、SolidWorks、SolidEdge、Pro-Engineer、EdgeCAM、Rhinoceros 等。草模构思可以更好地对设计方案进行评价和修改（见图 3-3 和图 3-4）。

图 3-3　Peugeot EX1 概念车模型制作

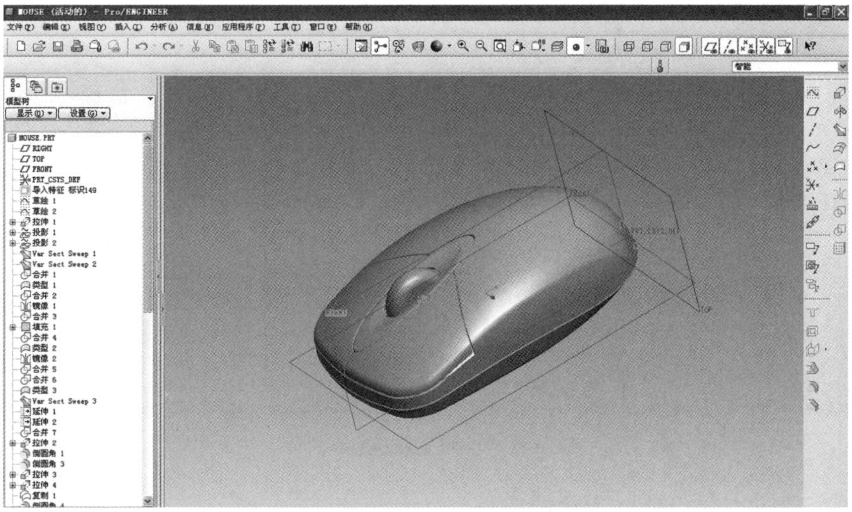

图 3-4　Pro-Engineer 鼠标建模

3.1.3　产品可行性研究

产品设计构思阶段完成后，设计师对于产品的形态、功能、消费对象等都已基本确定，下面要做的就是对方案进行深化，对其可行性进行进一步论证。

方案经过初期的审查后，要对产品方案的基本结构和技术参数进行检验确定，以备后期技术设计作参考。这一工作主要包括基本功能的设计、人机工程的研究、生产技术的可行性设计等，即对产品的功能、造型、色彩、结构、材质、加工工艺等方面进行可行性分析研究。

为了进行这方面的检验工作，设计师通常要做出实物样机进行各种试验（见图 3-5 和图 3-6）。电脑软件建的三维模型也能够全方位进行查看，但并不能很好地与人互动，样机模型的制作可以发现电脑软件建模中发现不了的问题，同时进行设计图纸的检验和修改。

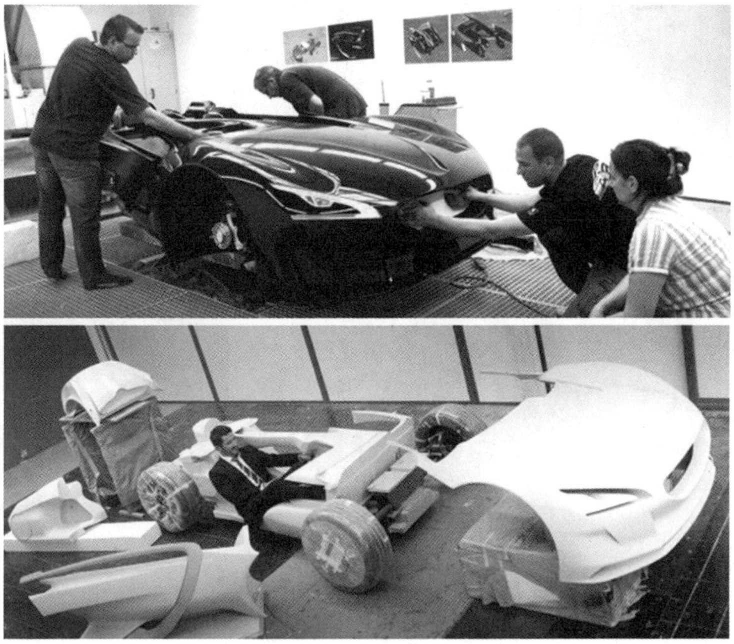

图 3-5　Peugeot EX1 概念车样机

图 3-6　奔驰 F700 概念车设计

产品可行性研究阶段主要包括以下几个方面。

1. 功能

功能是产品存在的依据，任何一种产品都具有一定的物质和精神功能，功能直接决定了产品的价值高低。在对产品进行功能可行性研究的过程中，要明确客户对于功能的要求，准确地实现产品的必要功能，排除过剩功能，完善欠缺的功能。

2. 造型

对产品造型的研究包括产品的比例设计、线型设计等。产品整体设计比例要协调，有一定的美感；线型的设计要考虑有主有次，风格一致。个别细节的造型要有明确的涵义，如开关的造型、把手的造型等，使人能够很快判断细节的属性，并知道如何去操作。最重要的是产品造型要符合产品的结构，要明确显示产品的构造和装配关系。再完美的造型，脱离结构也只能是一个空架子，毫无意义（见图 3-7）。

图 3-7　各种仿生造型的产品设计

3. 色彩

在人的五感（视觉、听觉、触觉、嗅觉、味觉）中，以视觉最为重要。与视觉相关的产品形式包含着三大要素：形、色、质（材料）。在某些情况下，色的重要性要大于形和质，因此在这一阶段，要对产品的色彩进行明确定位，选定主色和辅色，并考虑后期产品进入成熟期之后的色彩延伸方案。同时考虑产品使用的自然环境和社会环境，注意某些地区的喜好和禁忌，注意各类产品色彩的使用习惯，对产品色彩使用方案做好论证（见图 3-8 和图 3-9）。

图 3-8　相同产品不同色彩

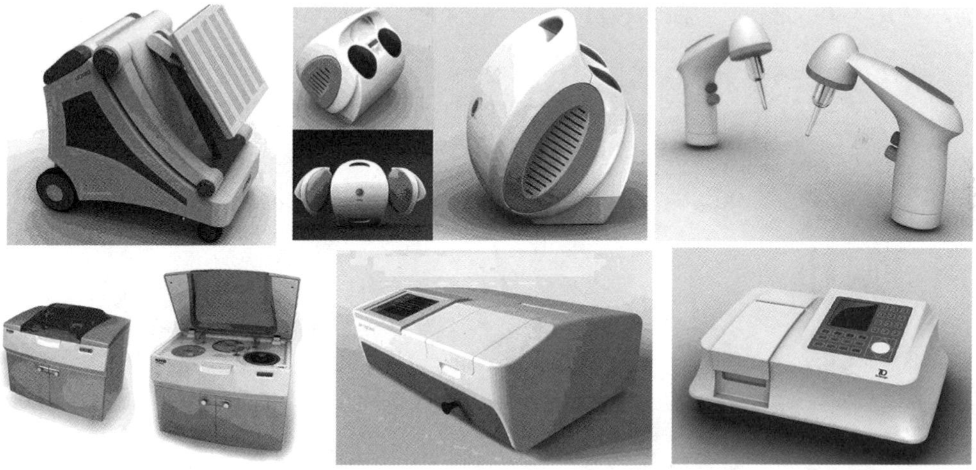

图 3-9　白色为主色的医疗产品设计

4. 结构

结构是产品功能的承担者，产品结构决定产品功能的实现。产品结构分为外部结构和核心结构两部分，外部结构是产品造型的承担者，同时也是内部功能的传达者，通过整体的外部结构可以使元器件发挥核心功能。一般情况下，外部结构不直接承担产品必要功能的实现，因此，许多产品的改良设计都是通过改变外部结构来提升产品价值。所谓核心结构，也就是内部结构，通常是由某项技术原理系统形成的具有核心结构的产品结构。对于设计师而言，内部结构是不可见的，可见的只是承担输入和输出的外部结构，因此，核心结构是黑箱，外部结构是白箱。相对于黑箱结构，白箱结构存在着可以变化的空间，正因为如此，设计师常会对造型进行不厌其烦地修改，而忽略了黑箱结构的制约，造成外部结构和内部结构不匹配的状况。因此，设计师应该树立整体观念，正确处理产品内外结构的有机联系（见图 3-10）。

图 3-10　苹果机箱的内部和外部结构

5. 材质

优秀的产品离不开优美的材质，材质的选择直接影响人对产品的视觉和触觉的感受，直接影响产品的艺术风格，甚至影响产品功能的发挥，因此不同类型的产品、产品的不同结构部分应根据人们的使用习惯和需求选用不同的材质（见图 3-11）。

图 3-11　各种不锈钢家居用品

6. 经济

在产品设计阶段，要对产品的成本进行规划，合理解决产品经济性的问题。如功能方面，剔除产品的多余功能，靠实现必要功能提高产品的经济价值；结构方面，合理的结构设计可以节约材料、提高劳动生产率、降低产品成本；造型方面，在充分体现造型艺术性的前提下使用简洁大方的造型可以降低生成成本等。为了更好地实现产品的经济性，人们经常将价值工程分析的方法运用于产品设计中，对产品各个阶段进行技术经济分析，以提高产品的价值并降低成本。

7. 环境

环境因素包括对产品使用自然环境的可行性研究、产品的市场环境和产品的生态环保意识。首先，自然环境的可行性研究即从产品本身要实现的功能出发，对其使用环境进行评估和分析检测。车载电子产品（如 GPS、MP4 等）的使用环境是封闭的车内空间，要考虑的环境因素很多，如温度、湿度等气候环境，碰撞、冲击、加速、振动等机械环境，还有其他类似灰尘、噪音等综合环境，产品使用环境十分复杂，因此需要在产品可行性研究阶段考虑全面。其次，产品要有良好的市场环境。产品的生命周期起始于准确的市场定位和消费需求分析，从设计、生产、销售直到被消费者所接受的周期中，只有加强消费者对产品的理解度，才能建立完整的产品生命周期。第三，产品设计要有生态环保意识，坚持绿色设计的理念，实现生态环境的可持续发展。

8. 加工工艺

加工工艺是实现产品造型的关键，不同的产品造型要选择不同的加工工艺成型，通过加工使产品造型达到工艺美的效果。通常，不同的材料对应的加工工艺也不同。如金属材料有铸造成型工艺、切削加工工艺、冲压加工工艺等，塑料材料有吹塑成型工艺、挤压成型工艺、注塑成型工艺等。对于产品表面的处理有金属拉丝工艺、喷砂工艺、电镀工艺、压纹、水转印等（见图 3-12）。

图 3-12　电镀后的手机按键和汽车轮毂

3.1.4　产品功能设计

新产品开发的目的就是为了实现产品的功能，满足人们的需求，从而获取相应的效益，因此功能设计是产品开发的基础和核心。

产品功能可以分类如下。

1. 按需求性质分

按需求性质分，产品功能分为物质功能和精神功能。物质功能是指产品用于特定目的的功能，体现了产品的价值。例如，手机用来接打电话、发短信等，电饭煲有对食品进行蒸、煮、炖、煨等多种操作功能，电磁炉用来加热和烹饪食物等。而精神功能则是指产品影响使用者心理感受和主观意识的功能。使用者往往是通过产品的品牌、形态、材质、色彩等产生不同的感觉，如豪华感、现代感、科技感、美感等。

2. 按功能的重要性分

按功能的重要性分，产品功能分为主要功能和附属功能。主要功能是指与产品主要用途相关的功能，对于使用者来说，这是必要的基本功能。否则，产品也就失去了存在的意义。附属功能是辅助主要功能更好地实现其目的的功能，附属功能设计恰当能够增加产品附加值，提升产品品位。但是并不是说附属功能越多越好，附属功能中也存在着不必要存在的功能，在做功能设计之前一定要对客户和消费者的需求有一个全面的、前瞻性的了解和掌握，这样才不至于做无用功（见图 3–13）。

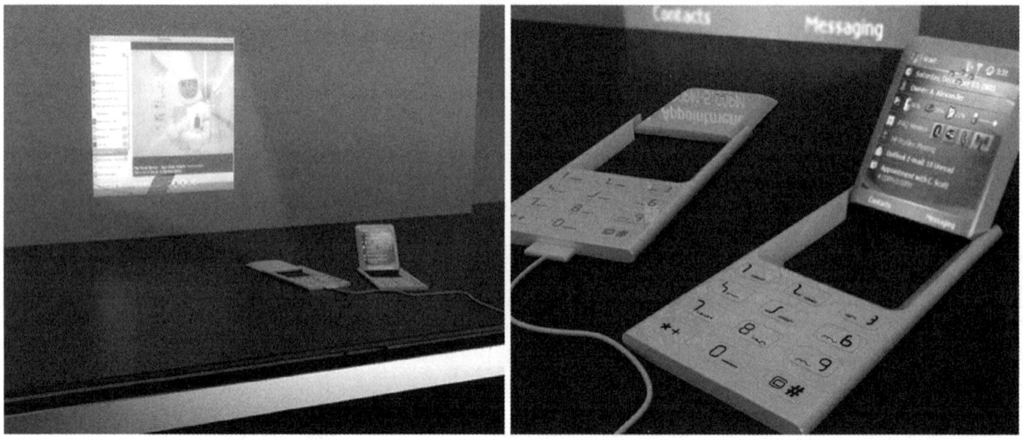

图 3–13　具有投影功能的手机设计

在新产品开发的时候要注意主要功能和附属功能的主从关系，如果两者关系换位，产品则发生了质的变化。如图 3–13 具有投影功能的手机，其主要功能是手机功能，附属功能是投影仪功能，如果投影功能变为主要功能，那就不能称其为手机设计了（见图 3–14）。

图 3–14　要注意主要功能和附属功能的主从关系

3. 按需求满意度分

按需求满意度分，产品功能分为不足功能、过剩功能和适度功能。功能不足是指必要功能没有达到预定目标。功能不足的原因是多方面的，如，因结构不合理、选材不合理而造成强度不足、可靠性、安全性、耐用性不够等。

过剩功能是指产品所具有的功能对于使用者来讲利用率不高或者采用了过高的技术指标使功能显得曲高和寡。如针对低龄儿童设计的玩具用品就不能有高难度的拆卸、组装等设计。

为了产品开发设计更有针对性、合理性，设计师通常要对产品作功能分析和整理，归纳产品功能树，针对产品的功能需求细分到不同级别的功能领域，再对应到产品各部件的设计。如磨咖啡机的设计功能树，如图 3–15 所示。

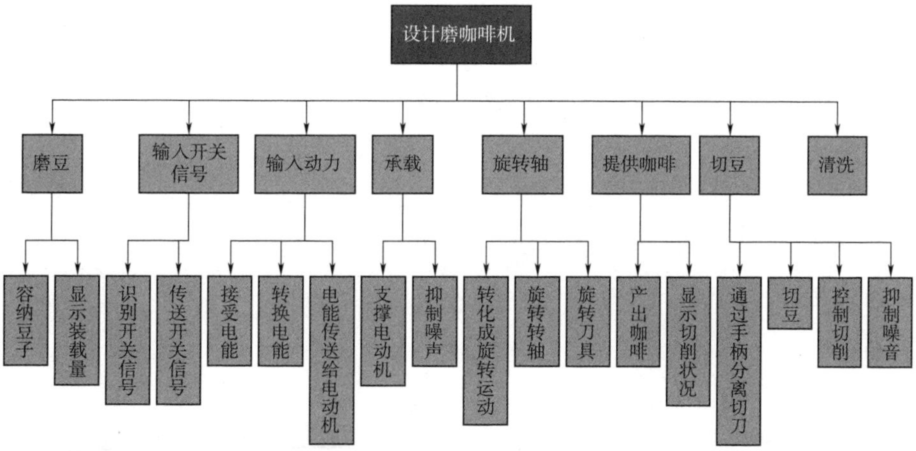

图 3–15　磨咖啡机的设计功能树（图表来源：吴翔《产品系统设计：产品设计 2》）

通过绘制产品功能树，设计师要对产品各部件进行仔细分析、深入研究，同时注意各部分之间的联系，这样才能使设计有的放矢。

在产品竞争越来越激烈的今天，产品功能并不是越多越好，例如手机，有的老年人只能拿来接听电话，发短信都困难，更别提彩信、上网、音乐、游戏了，这些功能对于老年人来讲就是过剩的功能，因此老年人手机的功能设计要注重实用性。

3.1.5　产品制造设计

根据前面所确定的设计造型，绘制产品的实际尺寸，完善设计细节，并运用三维辅助设计完成具体工作，设计师就可以进入产品制造设计阶段。在模具开发之前要进行手板模型的制作。手板也叫首板，就是在没有开模具的前提下，根据产品外观图纸和结构图纸先做出一个或几个，用来检查外观或结构合理性的功能样板，修正和改良产品的缺陷，使开模有所参照，减少开模风险，最大程度避免损失。同时，由于手板模型的制作速度快，也可以做产品的宣传和前期的销售工作，使新产品能够快速推向市场。

早期的手板因为受到各种条件的限制，手板的制作仅仅停留在手工技术基础上，使得做出的手板工期长而很难严格达到外观和结构图纸的尺寸要求，因而其检查外观或结构合理性的功能也大打折扣。随着数字化技术的发展，计算机辅助设计（CAD）和计算机辅助制造（CAM）技术不断升级和完善，手板和样机的制作有了更多更灵活的选择。如激光快速成型技术（Rapid Prototyping，RP），通过计算机软硬件设备控制堆积技术成型，能够比较快速地将设计想法转变为产品造型或零部件，同时保证比例精确；缺点是表面较为粗糙，而且对产品壁厚也有一定的要求，不能太薄。加工中心（CNC）制作手板模型，CNC 模型是近代工业的产物，它综合了计算机辅助设计（CAD）、计算机辅助制造（CAM）、计算机数字控制（CNC）等先进技术，把计算机上构成的二维数字模型由整块材料挖掘生成手板模型。CNC 手板的优点体现在它能非常精确地反映图纸所表达的信息，而且 CNC 手板表面质量高，表面可以作抛光、喷漆、丝印、电镀等处理。

随着科学技术的进步，工业设计越来越呈现出多学科交叉、渗透和综合发展的趋势。计算机辅助工业设计的发展使得设计方法得到明显改善，设计效率得到明显提高，从产品的构思到制造都可以通过计算机设计和程序完成，可以对多种方案进行修改和评价，大大提高了新产品开发的效率。并行工程的引入消除了传统串行设计方法的弊端，用系统的集成方法处理产品设计及相关过程，使产品开发人员从一开始就能考虑产品整个生命周期的因素，从而降低开发风险、降低成本。

3.1.6 设计审核与测试

完成产品样机制作后，为了保证产品质量，有必要对产品进行审核。

审核的内容包括以下几方面。

（1）产品功能是否符合客户需求。

（2）产品开发过程是否合理有序。

（3）产品图纸是否符合相应的技术标准。

（4）产品开发过程的时间控制是否合理。

（5）对产品制造方法、组装方法、表面处理工艺等问题进行审核。

（6）产品开发成本是否控制在预算之内，有超出的话，原因何在。

（7）产品的安全性、可靠性、外观质量等是否符合前期定位要求，审核产品是否有质量缺陷。

审核工作进行的同时，要对产品进行性能等方面的测试，保证高质量的产品投入市场。

3.1.7 进入市场及评估

在审核和测试的基础上，产品进入市场，进行商品化的过程，这是由产品转化为商品的过程。这个阶段要对产品的名称、标识以及包装等作出设计和确定，同时进行产品的展示、宣传和促销活动。根据产品在某一阶段内的销售情况，对产品进行评估。评估的主要内容包括以下几方面。

（1）产品构想、造型、色彩等是否符合市场需求。

（2）产品功能是否对市场和消费者的诉求有效。

（3）是否有明确的产品识别。

（4）是否能够强化企业形象。

（5）产品销售成本的控制。

注意选择合适的评估方法，同时为了使评估的结果清楚明确，可以将评估结果以图表方式示意，配以详细的数据资料，以备设计决策之用。

3.2 产品开发设计方法

3.2.1 产品形态创新

3.2.1.1 产品形态定义

产品形态是产品在一定条件下的表现形式，是利用人的感知力将产品内在的性能体现于人的直觉系统中，因此，产品设计的过程也可以看作是产品形态设计的过程。同时形态由于是一个符号系统，还具有表意的作用，通过借鉴、隐喻、象征等手法描述产品及与产品相关的事物。形态概念的确立，是对产品形态设计问题提出明确而有效的解决方案，是解决问题的具体化，是产品形态设计问题的最佳解决方案。

产品形态设计是一项创造性的活动，形态不仅包含造型的概念，还包括人文、科技、环境等要素，通过产品形体表现出来，因此设计师不仅要有创新意识，还要不断丰富和发展自己的知识体系，这样才能创造出合理的产品形态。

3.2.1.2 产品形态分类

通常，产品形态可以划分为抽象形态和现实形态。

（1）抽象形态是指运用概念形体塑造产品，使其显现出协调、稳重、理性的特点。抽象形态又分为几何形态和符号形态。

几何形态是灵活运用点、线、面、体、量等几何概念，经过精确的计算和定义后形成的形体，如用点对产品表面进行装饰，用线条对产品进行分割，用面对产品进行功能划分，用形体表现产品的力度感和体量感等（见图 3–16）。

图 3–16　长城嘉翔 I–I35200E 机箱设计运用线、面的几何分割

符号形态是一种综合交叉的文化表现形式，通过信息来传播理念，具有指代、象征、情感、表意等功能。从广义上讲，产品本身就是符号，是被人所感知的符号性的存在，常使人联想到企业和品牌形象（见图 3–17）。

图 3–17　香奈儿概念跑车体现了香奈儿豪华、典雅的形象

（2）现实形态按其形成原因可以分为自然形态和人为形态。自然形态，指在自然法则下形成的各种可视或可触摸的形态。自然界中大千万物的各种形态往往是设计师取之不尽用之不竭的创意源泉，

工艺美术运动的代表人物拉斯金就提出了“师承自然”的设计指导思想，号召设计师从大自然中寻找创作灵感。

自然形态又可以划分为有机形态和无机形态。有机形态是指具有生命力的自然形态，如各种生长的动植物，体现出自然天成的点、线、面、体形象，蕴含着自然哲理的功能性和或饱满或柔和或具有力量感的自然美，可以根据这些自然的有机形态创造出具象或抽象的产品（见图 3-18）。

图 3-18　南非设计师 Barend Massow Hemmes 根据捷豹车标设计制造的捷豹摩托车

图 3-19　由水珠形态联想设计的沙发

无机形态是指自然界中没有生命的物质形态，如高山、河流、石头等，它们相对静止，不具备生长机能，但这种由大自然物理变化形成的无机形态也是设计师设计创作的来源，体现出形态的几何性和理性特点（见图 3-19）。

3.2.1.3　产品形态创新要素

产品形态与设计的方方面面都有密切联系，设计师的创新活动不仅要体现在产品固有的功能、造型、色彩、材质、结构、机构等方面，还要体现在与产品有关的环境、使用方式、给使用者的视知觉等方面，这些要素都是设计师可以进行设计创新的渠道。

（1）形态和功能创新。随着科技的进步，文化的发展，产品的功能内涵和外延都有极大扩展，除了基本的使用功能外，还包括审美功能、文化功能等。而产品功能是决定产品形态的主要因素，通过功能的创新，利用产品的形态来表达产品的特有的美学特征，从而可以让使用者在情感上与产品取得一致和共鸣。

（2）形态和材质创新。新材料的不断涌现使产品形态的塑造得到极大的发挥空间。设计师要熟悉不同材料在物理、化学、视觉等方面的性能特征，结合生产、加工、使用等因素全面衡量成本、价值、形态结构、美感等关系，利用这些特性来进行产品形态的创新（见图 3-20）。

（3）形态与结构、机构创新。产品要保持自己的形态，就需要有一定强度、刚度和稳定性的结构来支撑。产品的结构决定了产品功能的实现，它既是产品功能的承担者，也是产品形态的支撑者。根据产品要实现的功能，设计师应考虑产品各部件之间的连接方式和固定方式，同时考虑常用的机构，如平面连杆机构、凸轮机构、间歇运动机构等，以最科学、合理、节约成本的结构和机构支撑产品形态（见图 3-21）。

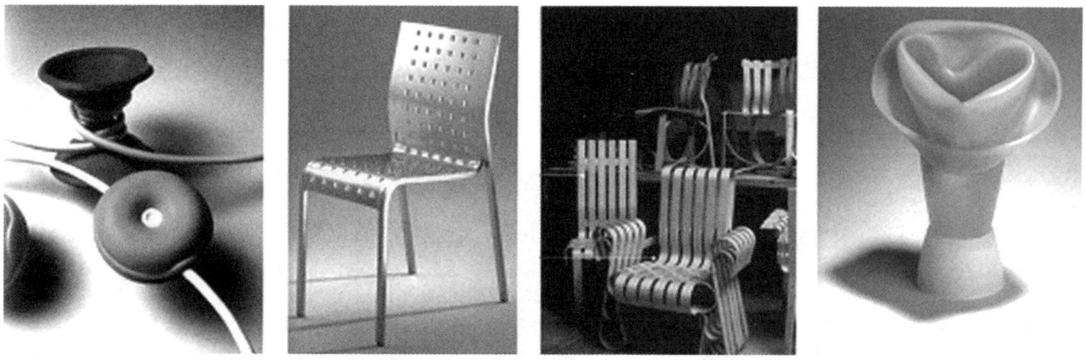

图 3-20　各种不同材料的产品设计

图 3-21　不同结构的椅子呈现不同形态

（4）形态与色彩创新。感性消费的趋势使色彩要素对于产品的重要性也明显提高，“形”“色”不可分，设计师在产品形态创新设计的时候，要运用色彩处理产品外部，使消费者得到各种各样的视觉形态，同时，也要利用不同色彩给人不同的心理感觉进行创造活动。如利用深颜色和浅颜色给人的轻重感进行产品设计、利用同一产品不同色彩进行产品纵向系列设计、利用不同色彩对产品的功能区进行划分等（见图 3-22）。

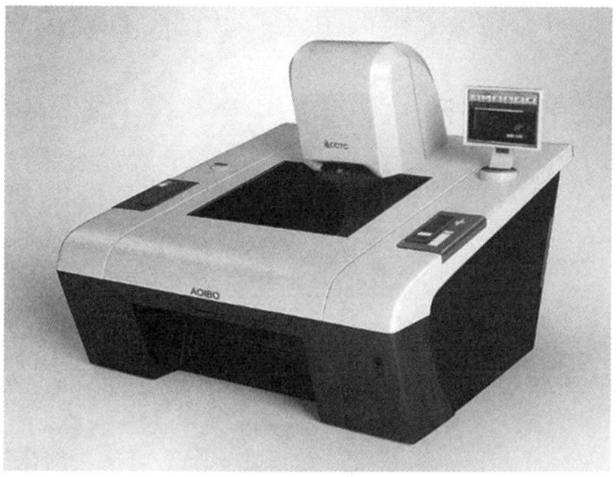

图 3-22　黑色底座使产品形态稳重

（5）形态要适于产品使用环境。产品的使用往往处于具体的自然和社会环境中，这就必然存在与产品形态产生相互作用的问题。不同的国家地区、历史文化、风俗传统会有不同的设计风格，必然影响产品形态，有时趋向于流线型产品形态，有时趋向于几何型产品形态，有时趋向于色彩浓重的产品形态，等等；不同的自然环境也会影响产品形态，如在水面使用、在空中使用、在高压情况下使用、在高温情况下使用等，对应的产品的形态也有所不同。因此，设计师要根据具体的使用环境，从造型、材质等各方面进行形态创新，使产品满足于所使用的环境。

（6）形态与使用方式创新。一般情况下，产品形态要能够让使用者识别产品属性，并使其知道如何操作。更重要的是，设计师要利用使用者好奇的心理，激发使用者的想象力，使产品具有多种组合性和变化性，在避免误操作的前提下，给使用者留有发挥的余地，这样会使产品更具吸引力（见图 3-23）。

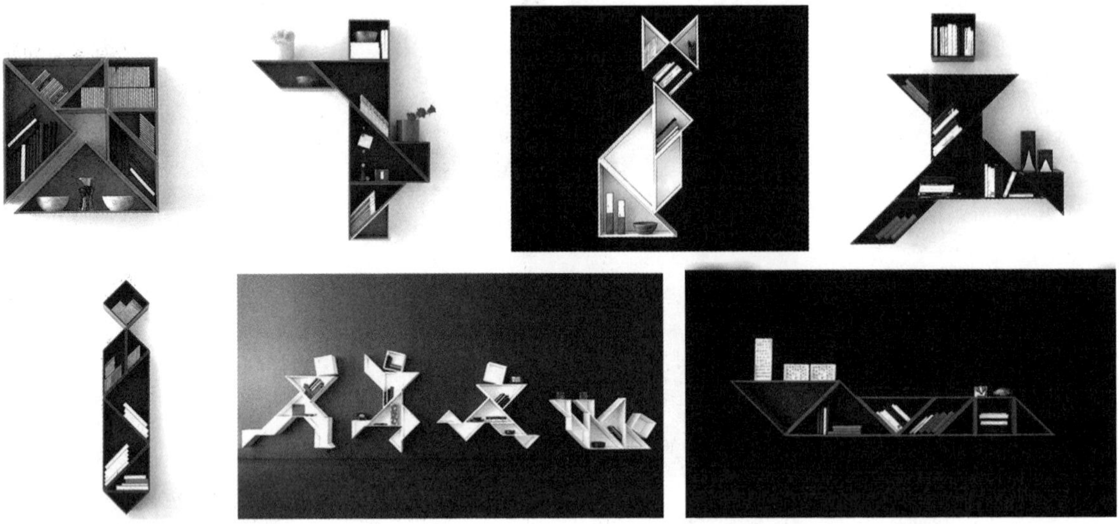

图 3-23　意大利设计师 Daniele Lago 设计的七巧板组合书架

（7）形态与视知觉创新。人们主要是通过视觉与触觉来感受产品的知觉形态。视觉信息是人类的主要感觉来源，因此，对视觉的研究成为设计师进行产品创新的重要途径。在产品形态创新设计中，运用视错觉等视觉手段，有时会有意想不到的效果。

（8）形态与心理功能创新。设计师进行产品设计时，不仅要考虑产品自身造型、材料、色彩等要素，更要考虑使用者的心理感受，让人从形态中读出记忆中所熟悉而喜爱的信息，从而使产品具有亲和力，能够唤起使用者心理上的共鸣。如复古设计、仿生设计等（见图 3-24）。

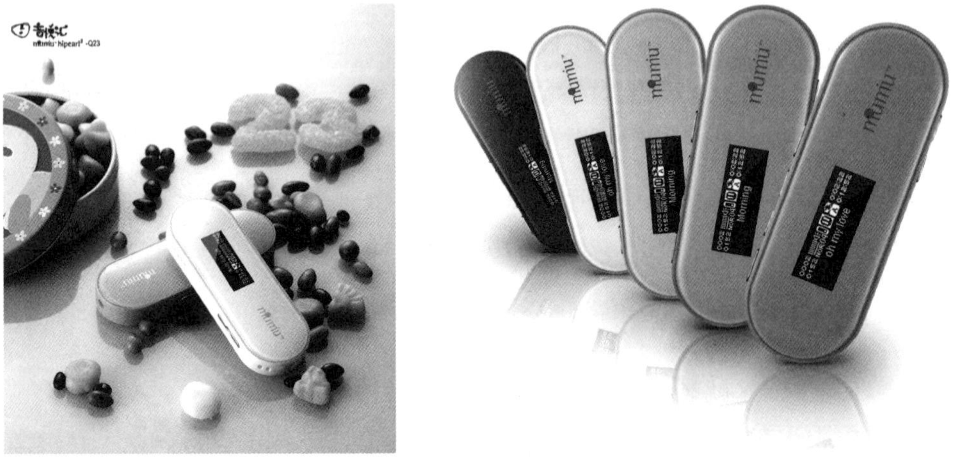

图 3-24　这款蓝魔 Q 系列 MP3 的设计灵感来自糖果

3.2.1.4　产品形态创新方法

进行产品形态创新的过程中，除了从以上几种元素入手外，还有以下方法。

1. 功能主义设计方法

功能主义设计方法是指以功能为中心，从产品要实现的功能入手，进行功能的整理，确定产品的工程结构，从而确定产品形态。这种产品的形态往往最具科学性、合理性，因为从功能入手能够避免走弯路，人机要素合理，相应的技术、结构能够发挥最大效能。

2. 联想、象征、类比的设计方法

设计师在进行产品形态创新时，为了加强形态的说服力和感染力，采用自然界的动植物形态或某些人造物的形态，从而使所创造的形态对使用者有联想的作用；设计者也可以把产品的功能和造型与某种具有典型形态的人造物或者自然物联系起来，从而使产品形态具有象征意义；设计师也经常运用类比思维的方法，将同类或近似的事物加以对比，把陌生的、不熟悉的问题和已有的知识、经验联系起来，开拓思路，从而创造性地解决产品形态问题（见图 3–25）。

图 3–25　各种汽车的仿生设计

3. 感性工学的设计方法

感性工学的设计方法是一种新的设计方法，它通过量化人们对于产品的感受、认知，将具体的数据转化为产品的具体的设计形态。感性工学的应用方法通常有两种，一种是通过对消费者进行调研，运用五点量表法汇总消费者对产品的感性认知信息，接着进行量化处理，以科学的分析构建形态感性坐标图，从而为产品设计提供参考；另一种是使用相反词汇组进行调研获取数据。建立以该语意集合为 X 轴、Y 轴的坐标系，将相关的造型形态填到坐标系中，使形态和形容词词汇组建立直观的关系，为产品形态设计提供直观参考。

3.2.2　产品功能整合

上一节中提到，产品并不是功能越多越好，有些功能对于部分人群是没有任何意义的，因此为了避免浪费资源，要针对不同的需求设计不同的功能。而对于有些产品来讲，消费目标并不是十分明确，可能还有潜在的消费群体，这就需要进行功能的整合，以提高产品附加值，拓宽产品销售的目标群。

随着科学技术的发展，产品功能整合越来越成为企业增强产品竞争力的手段。手机的发展就是典型的功能整合的例子。1987 年第一款手机摩托罗拉 3200 进入中国（见图 3–26），体积较大（俗称“大哥大”），售价也高达数万元，但是只具有移动通话和英文短信的使用功能，而现在，手机式样不断出新，功能也不断丰富，如短信、拍照、上网、游戏、PDA 功能、视频、音乐、广播、手写输入、蓝牙等。随着技术进步，更多的功能不断被整合到手机的设计上，如为了迎合部分人群的需求，手机还有炒股、移动办公，甚至是化妆盒的功能，未来的手机会不会发展成为小型的电脑，或具备更多的其他功能，人们将拭目以待（见图 3–27）。

图 3–26　摩托罗拉 3200

图 3–27　AppleiPhone 4 及功能（图片来自中关村在线网站）

不仅仅是手机，现在很多办公用品、家居用品、电子产品等都整合了各种各样的功能，有的产品的主要功能和附属功能都分不清了，就干脆称之为一体机。如图 3–28 所示三星多功能一体机，集打印、复印、扫描、传真四种功能于一体，其主要功能、次要功能、附属功能在产品中体现得并不是十分清楚，因此只能取名“一体机”。

图 3–28　三星 3186FN 一体机

随着市场经济的发展，功能集成、整合已经成为越来越多商家进行产品竞争的手段，也越来越多地为设计师所青睐，归纳原因主要有以下几点：

（1）社会、科技的发展。新技术的不断创新、新材料的不断应用、新的加工工艺的不断进步、新的消费观念的不断更新都为功能整合提供了广阔的空间。

（2）产业融合和市场竞争的需要。随着技术革新的不断发展，产业融合正日益成为产业经济发展中的重要现象。以消费电子产业为例，随着各种数字技术的成熟和消费者对于数码产品的需求，我国消费电子产业已逐渐成为一个门类齐全、颇具规模的产业，而近几年多功能的产品逐渐成为电子产品的主流。企业只有通过不断融合不同内容和服务来开发新产品，通过不同程度、不同组合方式、不同应用领域的融合催生出新的产品和新的应用，形成新的市场机会，才能在激烈的市场竞争中处于有利地位。

（3）消费的需要。现代社会不同人群有不同的消费观念，小孩、年轻人、老年人、男性、女性、商务人士等，他们都有自己不同的需求，那么产品的功能设计也要针对不同的消费群整合不同的功能。另外，部分消费者为了节约成本或减少产品的存放空间，喜欢购买多功能的产品，厂商要根据消费者的需求在尽量避免高成本的情况下将功能整合，创造出符合消费者需求的产品。

设计师在进行产品功能整合的时候要注意：首先，功能整合并不是简单的功能组合，而是对产品功能进行优化整理，保留必要的主要功能和附属功能，删除不必要的功能，要有针对性地设计功能，尽可能减少功能的浪费。其次，功能整合要有理有据，要适应一定的人群和场合，不能把不相干的功能简单堆积在一个产品中，功能设置一定要有理由。有的设计人员想当然的把各种杂乱的功能集中到一个产品上，就说“我这个产品能够做什么，还能做什么，什么能做什么……”其实这只不过是一个产品怪胎。最后，要注意功能整合后的效果。有些功能整合在一个产品中后，由于技术上或使用上的原因，并不能很好地发挥其功能，这就需要设计师在做产品设计之前，要充分调研，功能是否有必要设置？功能设置是否能满足消费者专业的、高标准的要求？如果没有很好的调研，就可能造成产品功能过剩、资源浪费等问题。

3.2.3 产品族 DNA 扩展

中国制造业一直是第一大产业部门，已成为世界制造业基地，但是仅仅满足于制造大国则永远没有出路，中国的工业设计师担任着将“制造大国”向“创造大国”转变的使命，在这个过程中，就必须在产品创新的基础上塑造中国自己的品牌。如三星、诺基亚、法拉利、苹果等世界品牌，它们旗下的产品无论哪个门类，无论产品经过多少次的更新换代，在产品同质化的时代，人们总能够从众多产品中把它们分辨出来，这就是品牌风格的继承性和延续性。

产品设计是一个复杂的过程，它不仅包含了产品造型设计，还蕴含了产品的品牌文化因素，但这些因素很难用量化的方法体现在风格导向的设计中。如何使产品设计既具有创新性又能够保持产品品牌风格的延续性，一个重要的设计方法就是产品族设计，以期实现面向不同需求的系列化或更具创新性的产品。

3.2.3.1 产品族的概念和方法

产品族是以产品平台为基础，通过添加不同的个性模块，以设计出满足不同客户个性化需求的一组相关产品。产品平台是产品族的基础，是能够被某一系列产品共享的、可重用的模块集合，这个模块集合一般具有相对稳定的技术和结构，是产品族的核心，具有产品族内所有产品的共性特征。产品族设计的基本思想就是以产品平台为基础，针对细分市场中不同客户群的需求，进行产品平台和基于产品平台的相关系列产品设计，以低成本和快速开发周期来满足不同客户的个性化需求。产品族的成员可以变化，但因为共享模块集合，因此具有许多共性的特征，使产品能够被识别到同一个品牌下。

产品族开发设计一般都是从寻求和分析市场开始，包括对市场的定义、细分，了解行业信息，以及对客户的需求进行分析，从而可以为企业进行新技术开发和市场战略提供参考。接下来进行产品平台定义、规划，以及进行平台技术的开发，企业通过对客户现有的或潜在的需求的综合评定和规范化处理建立产品平台。产品族设计就是在产品平台之上设计对应各个市场细分的产品族，它包括产品族模型的设计、产品定制化零部件设计和产品配置模型。产品平台和产品族开发过程如图 3-29 所示。

3.2.3.2 产品族 DNA

DNA（Deoxyribonucleic acid），中文译名为脱氧核糖核酸，是染色体的主要化学成分，有时被称为“遗传微粒”。在生物界中，遗传和变异的现象十分常见，如果没有遗传，物种就不可能延续发展。产品的开发设计也是一个更新换代、不断细化的过程，新开发的产品和旧的产品有一定的联系，但又不完全一样。这种产品设计的 DNA 现象历来被国内外著名的企业所重视。企业希望产品在不断的创新中保持一贯的风格特征，从而保持忠诚度。苹果电脑前设计总监 Robert Brunner 认为，只有将企业特有的文化“DNA”因子应用于产品族设计，那才是最好的设计，才会形成强有力的竞争力（见图 3-30）。韩国三星集团还特意设立了产品 DNA 研究小组，针对企业文化和产品品牌展开产品的 DNA 研究与设计。

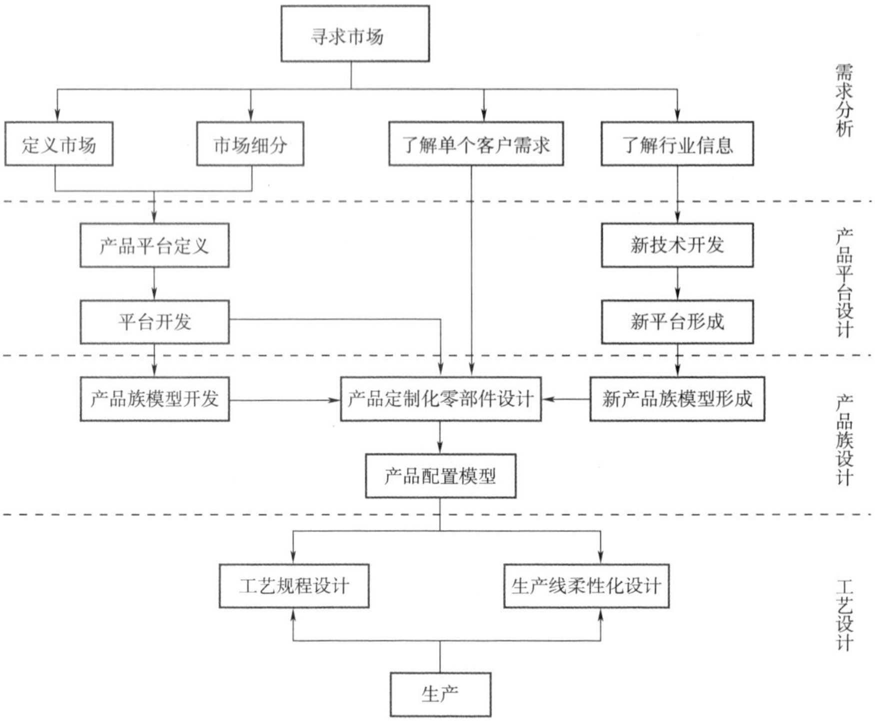

图 3-29　产品平台和产品族开发过程

图 3-30　苹果产品很好地保持了其一贯的风格

正确有效地提取产品族设计 DNA 是进行产品族 DNA 扩展设计的关键。对于工业设计产品而言，产品的结构、功能、色彩、材料、造型等都可以继续细分为很多子元素，因此 DNA 较为复杂，设计师要从产品各元素和语义学等角度提取 DNA 的显性和隐性特征，找出构成产品族风格 DNA 遗传和变异的设计元素，这是进行产品族 DNA 扩展设计的基础。提取 DNA 因子之后就要根据客户个性化的需求建立产品族的配置关系，对产品族设计领域的知识、信息进行合理分类，并准确地进行产品设计意图的构思、分析和制造。

目前国内对于产品族 DNA 扩展设计的研究较少，在品牌国际化塑造越来越重要的今天，该理论需要进一步深入的探讨和研究。

3.2.4 产品定制设计

随着现代社会人本意识的不断增强，消费者的个性化需求越来越明显，个性化产品定制设计的模式也正在成为企业进行市场竞争的焦点。

产品定制设计是指按照客户的要求进行制作、安装、改良产品，从而最大限度地满足其个性化的需求。定制设计的产品在市场上更有生命力，首先，产品定制设计过程允许并鼓励客户参与其中，使产品能够适时根据客户要求进行修改，这是传统大规模生产和多品种的小规模生产所达不到的；其次，由于产品都是定制设计的，基本不存在货品积压情况，因此对于销售来讲，可以大大减少成品库存费用，同时又可为企业带来客观的利润。

在现代产品设计中，定制设计已逐渐演变为“大规模定制”设计。大规模定制（Mass Customization，MC）是一种集企业、客户、供应商、员工和环境于一体，在系统思想指导下，用整体优化的观点，充分利用企业已有的各种资源，在标准技术、现代设计方法、信息技术和先进制造技术的支持下，根据客户的个性化需求，通过高度集成、灵活的过程，以大批量生产的低成本、高质量和高效率提供定制产品和服务的生产方式。它的基本思路是基于产品族零部件和产品结构的相似性、通用性，利用标准化模块化等方法降低产品的内部多样性；同时增加顾客可感知的外部多样性，通过产品和过程重组将产品定制生产转化或部分转化为零部件的批量生产，从而迅速向顾客提供低成本、高质量的定制产品。

对于产品定制设计要注意以下几点：①企业产品是否适合定制设计；②市场条件是否充分；③技术的可获得性是否良好；④管理手段、人员配置和相应支撑系统是否完善。从以上可以看出产品定制设计是一个复杂的过程，企业只有具备了一定的市场条件和资源能力才能成功地实施。

随着计算机网络和通信技术的飞速发展，企业也开始着手进行基于互联网的个性化产品定制系统的研究。通过这个系统，客户可以根据产品类别，选择系统提供的不同零部件，在系统中进行初步的产品结构和造型设计，系统自动产生产品设计方案，同时将产品的实体结构、工程图纸、报价、生产进度等信息传达给企业，以便及时组织生产。这样，客户就可以在产品生产出来之前看到定制产品各个方面的属性，如产品整体和部件结构、产品性能、装配过程等信息。此类系统的开发使得企业和客户之间、企业内部之间能够及时地进行沟通和信息交流，大大提高了定制设计的效率。

3.3 价值工程

价值工程（Value Engineering，VE），也称价值分析（Value Analysis，VA），是指以产品或作业的功能分析为核心，以提高产品或作业的价值为目的，力求以最低寿命周期成本实现产品或作业使用所要求的必要功能的一项有组织的创造性活动，有些人也称其为功能成本分析。

价值工程是一种使产品达到物美价廉的设计管理艺术，也就是以最低的费用提供用户所要求的功能。为了在激烈的市场竞争中获得一定利益，企业必须在满足用户需求的前提下，优化设计方案，降低生产成本，从而提高经济效益。由于价值工程将技术、经济、功能、质量、成本统一于设计方案中，因此在产品设计中得到广泛应用。

应用价值工程的过程，就是不断发现问题解决问题的过程，必须遵循科学的思维方法和一定的工作程序。整个过程归纳起来要解决如下7个问题：

（1）它是什么？

（2）它是干什么用的？

（3）它的成本是多少？

（4）它的价值是多少？

（5）有其他方法实现这个功能吗？

（6）新方案的成本是多少？

（7）新方案能满足要求吗？

为了能在进行过程中正确地回答和解决以上问题，价值工程应按照一定程序来进行，表3-1为应用价值工程的工作程序与7个问题的关系。

表3-1　价值工程的工作程序

VE（价值工程）的工作程序		价值工程提问
基本步骤	详细步骤	
确定VE工作对象	1. 选择对象； 2. 收集情报	1. 它是什么？
功能分析	3. 功能定义和系统化	2. 它的作用是什么？
功能评价	4. 功能评价	3. 它的成本是多少？ 4. 它的价值是多少？
方案创造	5. 方案创造	5. 有其他方法实现这个功能吗？
方案评价	6. 概略评价；7. 方案具体化； 8. 详细评价；9. 方案评审	6. 新方案的成本是多少？
方案实施	10. 方案实施； 11. 成果评价	7. 新方案能满足要求吗？

3.3.1　确定价值工程的对象

价值工程的核心是进行功能分析，选择对象即确定功能分析的对象。

3.3.1.1　对象选择的基本原则

对于产品设计来说，对象选择的基本原则如下。

（1）从产品构造方面看，选择复杂、笨重、用料贵、性能差的产品。

（2）从制造方面看，选择工艺复杂、加工工序多的产品。

（3）从销售方面看，选择在用户意见大、竞争力弱、利润低的产品。

（4）从产品发展方面看，选择正在研制将要投放市场的产品。

3.3.1.2　对象选取的方法

1. 经验分析法

经验分析法又称因素分析法，是指依靠分析人员经验集体研究确定选择对象的一种方法。此方法简便易行，节省费用，但由于仅凭主观经验判断，缺乏科学的定量分析，准确性无法完全保证。因此，该方法一般适用于被研究对象彼此相差较大以及时间紧迫的情况下，并且常与其他方法结合使用。

2. ABC 分析法

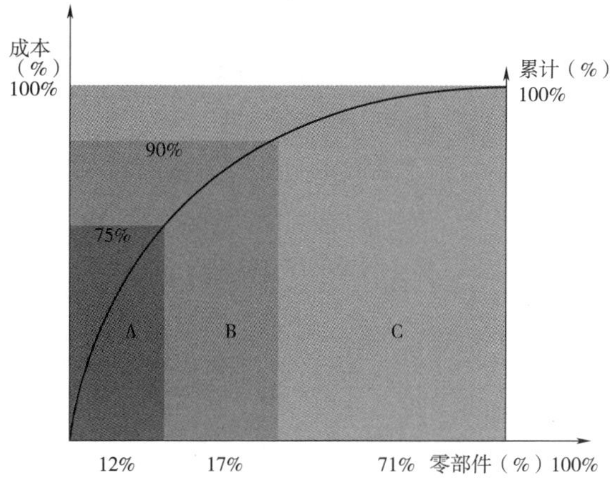

图 3–31　ABC 分析法原理图

ABC 分析法又称重点选择法或不均匀分布定律法，是价值工程对象选择最常用的方法之一，运用此方法的关键是分清主次、轻重，将关键的少数作为价值工程研究的对象。这种分析方法的思路是：首先将一个产品的各种零部件（或企业各种产品）按成本的大小由高到低排列起来，然后绘制费用累积分配图（如图 3–31 所示）。然后将占总成本 70% ~ 80% 而占零部件总数 10% ~ 20% 的零部件划分为 A 类部件；将占总成本 5% ~ 10% 而占零部件总数 60% ~ 80% 的零部件划分为 C 类；其余为 B 类。其中 A 类零部件是价值工程的主要研究对象。

3. 百分比法

百分比法是一种通过分析某种费用或资源对企业的某个技术经济指标的影响程度的大小（百分比），来选择价值工程对象的方法。

3.3.2　收集情报

这个阶段，也就是回答“它是什么？”的提问。情报是指为确保价值工程实施所需的一切必备的常识和专业知识。通过收集情报，可以得到价值工程活动的依据、标准、对比对象，同时可以更好地了解市场需求，知己知彼，打开思路；可以深入地发现问题，科学地确定问题所在和问题的性质，以及设想改进方向、方针和方法。

价值工程的情报收集工作，应根据具体情况，因时、因地、因人而异，但总体来说，收集工作主要围绕功能和成本进行，对产品来说，应收集以下几方面的情报。

1. 用户使用方面的情报

用户使用方面的情报包括用户使用产品的环境、目的；对产品价格、操作方式、配件供应、技术服务方面的要求；对产品性能方面的要求。

2. 科学技术方面的情报

科学技术情报，包括产品工艺、所需制造设备、原材料及批量生产的数量、质量要求等。掌握这类情报，有利于帮助企业快速掌握产品动态、了解新材料、新工艺，使企业在保持甚至提高功能的同时大幅度降低成本。有价值的科学技术情报，也有利于研究人员打开思路，更快发现问题、解决问题。

3. 销售方面的情报

销售方面的情报主要包括产品生产及销售情况、市场需求、消费者反应、产品竞争等情况。

4. 成本费用方面的情报

成本费用情报，包括市场现有同类产品的成本及成本构成情况，自身的成本费用资料、生产经营预算等。具体指标有设计成本、工艺成本、材料成本、标准化成本、能源消耗成本、人工费用、外购件成本等。降低成本是价值工程活动的重要目标，所以必须认真做好成本费用情报的收集与整理工作，提高情报的准确性和可靠性，以便更好地服务于价值工程（见表 3–2）。

表 3-2 价值工程情报收集表

价值工程情报收集	VE 工作表之一
VE 对象名称	年采用量
用户使用情况方面情报	
科学技术方面情报	
成本费用方面情报	
其他	

工作小组名称_________	小组成员_________	日期_________

3.3.3 功能分析

功能分析亦称功能研究，对新产品来讲，也叫功能设计，是价值工程的核心。因为价值工程的目的是以最低的费用实现用户所需的功能，所以，人们在应用价值工程进行功能分析时，要从传统的以事物为中心转向以功能为中心的研究方式。功能分析正是以研究对象的功能为切入点，通过对价值工程对象的深入分析，掌握产品的功能和用户对功能的要求。这个阶段回答了“它是干什么的”这个问题，包括功能定义和功能整理。

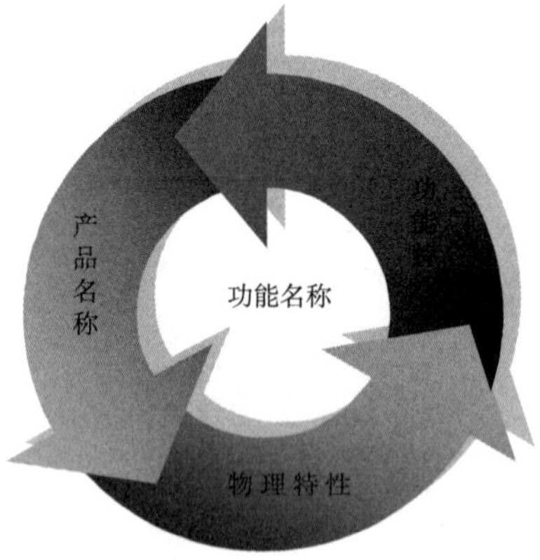

图 3-32 功能定义过程

3.3.3.1 功能定义

功能定义最基本的目的就是要透过产品的物理特性，找出其背后最本质的东西——功能，并加以区分和限定。通过功能定义，可以更加深刻地理解各个部件的功能，便于扩大思路、构思方案，并为以后的功能评价奠定基础。

进行功能定义要遵循以下要求：描述要客观、简洁、准确；功能定义的名词部分应尽可能定量化；动词部分的表达要适当抽象（见图 3-32）。

现以铁皮外壳的暖水瓶为例，说明功能定义的方法（见表 3-3）。

表 3-3 暖水瓶功能定义表

产品及零部件名称	功能定义
暖水瓶	保持温度
瓶胆	减少热传导，减少热辐射
瓶外盖	保持清洁
瓶塞	减少对流
瓶外壳	支持瓶胆、保护瓶胆、固定瓶胆、增加美观
瓶嘴	方便使用
底托	支持瓶胆、保护瓶胆、固定瓶胆、增加美观
把手	方便使用，增加美观

3.3.3.2 功能整理

功能整理，就是对已定义出的产品及其零部件的功能进行分析、整理，明确其相互关系，排列出功能系统图。功能整理的目的在于通过功能分析，发现不必要的功能，取消承担的零部件，并为功能价值的定量评价做好准备。

同样以暖水瓶为例，在对其功能定义的基础上，对其功能整理，如图 3-33 所示。

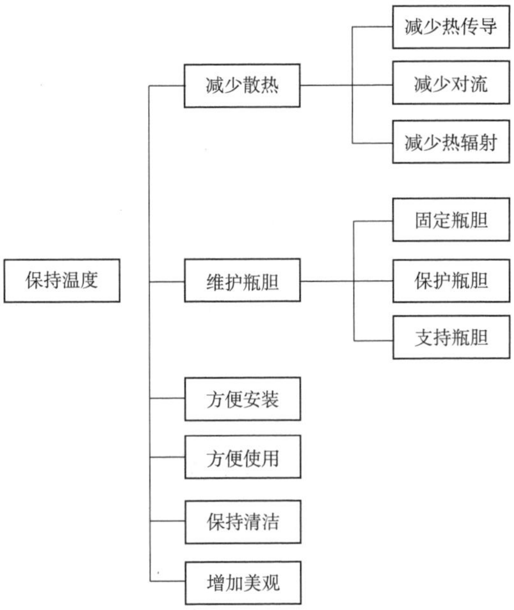

图 3-33 暖水瓶功能整理

3.3.3.3 功能评价

功能评价是对某一功能的价值进行定量评价，明确了功能价值，就很容易知道价值改善的期待值。接下来就是从中选择价值低的功能领域作为改善对象，通过方案创造，改进功能的方法来提高其价值。

在产品的设计中，我们将利用价值分析来对产品的价值进行定量分析。产品的基本属性是功能，完成这一功能需要相应的成本，这就是说，在相同功能的条件下，使成本低一点，就能使产品的实用价值提高，使产品的竞争力增强。

价值公式：

$$V=f/c$$

式中：f 为功能重要性系数，或称功能系数；c 为成本系数，V 为功能价值系数。

可以看出，当 V=1 时，说明零部件功能与成本相当，是合适的；如果 V 偏离 1 较远，则说明功能与成本不相当，需要作为价值工程的改进对象，加以分析研究和改进。也就是说，在一个产品或一个部件里，某零件的成本应与其功能相称。如果零件的成本很高，但它的功能在产品或部件中却处于次要的地位，则说明这个零件的成本偏高，有不合理的地方。相反，则说明功能可能有过剩或多余的现象，也应予改进。

从公式可以看到，通过改变产品功能与产品成本的比例的方式，可以有效提高产品的价值，具体分为以下几种情况：

（1）当 $V < 1$ 时，说明成本对于所实现的功能来说偏高，这个零部件可以选为改进对象。这种情况下，有两种方法改进：一种是提高功能亦降低成本；另一种是功能提高较大而成本略有增加。

如 120 型照相机，原来只能放 120 照相底片，经过价值工程分析后，不仅能放 120 底片，还可以放 135 底片，增加了产品功能，成本有所下降，通过这种途径为企业取得了最理想的经济效益（见图 3-34）。

图 3-34 120 型照相机

再如图 3-35 中的订书机，用 ABS 塑料替代金属，降低了成本，同时审美功能大大提高，产品的价值得到提高，获得了更大的市场效益。

另外，功能大大提升、成本有所增加的情况在产品设计中也十分常见，如 Swatch 手表（见图 3-36），一贯坚持使用精良的材料，独具魅力的设计，使得其产品审美功能大大提高。虽然它成本略有增加，但售价却可以高出普通手表 10 倍左右，其利润空间仍相当可观。相对于大幅削减材料成本、功能有所下降的产品来说，通过精心的设计及优良的选材使产品的审美功能大幅增加，相应外观材料、工艺成本略有增加，是一条工业设计更为常用和有效提高价值的途径。

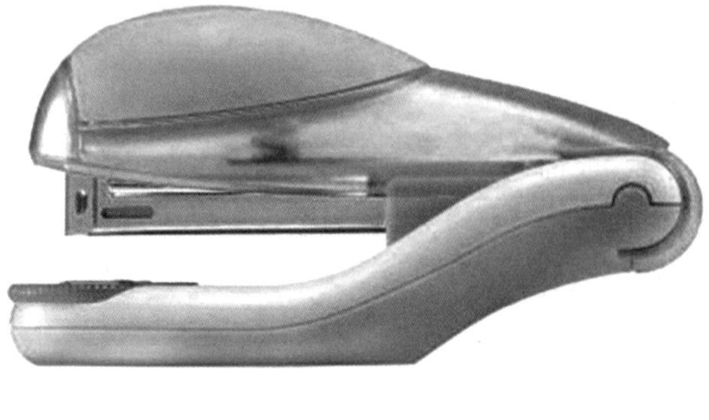

图 3–35　ABS 外壳订书机

图 3–36　Swatch 手表

（2）当 $V>1$ 时，说明零部件功能高，成本低，此时应检查这个零部件的功能是否达到了要求。若未达到，也应作为价值工程的改进对象。例如，对于老年人这一特殊群体来说，现有手机的功能虽多，但他们在使用的时候比较吃力甚至用不到。针对这一情况，LG、TCL、NOKIA 等手机生产商先后研发了适合老年用户使用的手机，迅速开拓了新市场。同时，由于老年人手机一些不必要功能的减少（见图 3–37），其成本大幅度下降，成为市场上的抢手货。由此可见，如果把消费者不需要的多余或过时功能去掉，大幅度降低成本，消费者会更加满意。

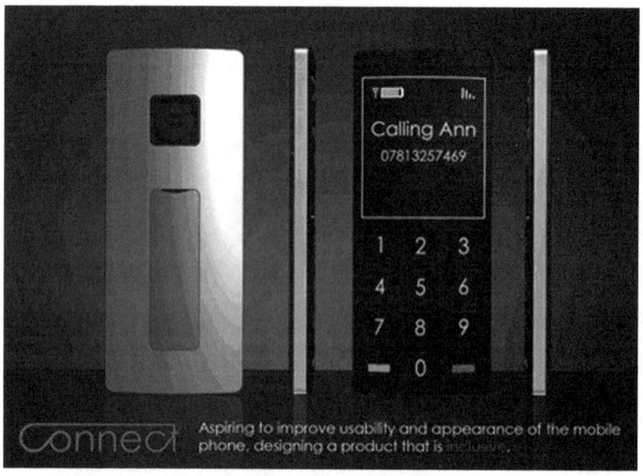

图 3–37　适合老年用户的手机

由以上分析可见，价值工程不同于传统的成本分析。传统的成本分析往往与功能相脱节，而传统的功能分析又往往忽视成本的需要。价值工程的提出，很好地解决了两者的矛盾，它是对产品功能与成本进行的综合分析。

对产品设计来说，单纯追求外观的形式美而不惜大大提高生产成本，或者完全放弃造型的形式美而追求成本低廉的产品，都是不受欢迎的。设计师应正确处理好产品的功能与成本之间的关系，并将价值工程意识纳入到产品设计的整个过程中，这样的设计才能在激烈的市场竞争中为企业赢得市场，为企业获得更多利润。

3.3.4　制定改进方案

这个阶段是方案创造与制订的过程，是价值工程活动的参加者充分发挥集体智慧和创造才能的阶段，它所回答的是“有没有实现同样功能的新方案”的提问。

为了改进并完善设计，就必须提出改进方案。价值工程的创始人麦尔斯曾说过，要得到价值高的设计，必须有 20 ～ 50 个可选方案，提出实现某一功能的各种各样的设想，逐步使其完善和具体化，从而形成若干个在技术上和经济上比较完善的方案。

提出改进方案是一个创造的过程，在进行中应注意以下几点。

（1）要敢于打破常规，解放思路，以功能为中心来考虑问题，尝试从各种不同角度来设想。

（2）组织不同学科、不同经验的人在一起提改进方案，互相启发。

（3）集中不同想法，提出方案，逐步使其完善。

制订方案阶段的基本步骤有三个：提出改进方案、评价改进方案、选出最优方案，其过程如图 3–38 所示。

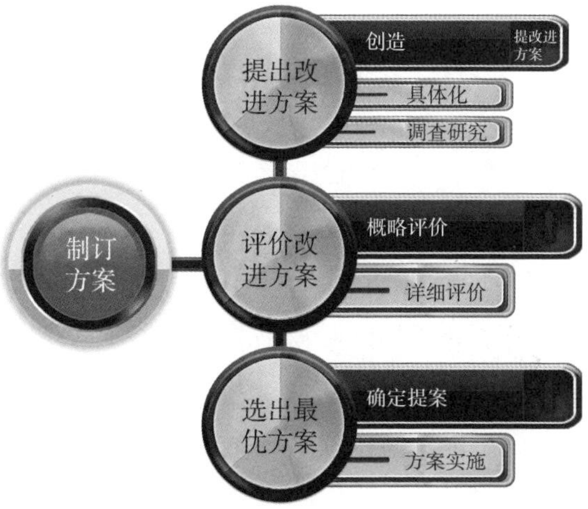

图 3–38　制订改进方案步骤

3.3.5　VE 成果评价

该阶段回答“新方案的成本是多少”的提问。在制订改进方案阶段形成的若干新方案，不可能十分完善，也必然有好有坏。为了发展优点、消除缺点，争取更大的经济效益，前一阶段制订的方案一方面要具体化，一方面要分析优缺点，进行评价，最后选出最佳方案。

总体来说，方案评价要从两方面进行：一方面要从满足需要、满足要求、保证功能等方面进行评价；另一方面要从降低费用、降低成本等经济方面进行评价。总之，要看是否提高了价值、增加了经济效果。

进行方案的评价通常采用评价表方式。即将所有方案按任意顺序编号，列入表中，然后对每一方案根据现有资料分别从技术、经济和社会效果等方面逐一进行分析。如果方案可行，则用“○”表示；如果方案不可行，则用“×”表示；如果目前尚不能确定是否可行，则用“△”表示（见表 3–4）。

表 3–4　成 果 评 价 表

序号	方案设想	评价内容（△○×）				结论
		经济评价	技术评价	社会评价	综合评价	
1	（略）	○	×	×	×	放弃
2		△	○	×	○	?
3		○	×	△	×	?
4		×	×	○	△	?
5		○	○	○	○	采用
6		×	△	△	○	?

综上所述，价值工程学以功能分析为核心，以开发创造性为基础，以科学分析方法为工具，寻求功能与成本的最佳比例，以获得最优价值。运用价值工程理论来指导产品设计，可以在充分完善产品功能的基础上，通过有限地提高成本来获得更大的产品价值和经济效益，为产品的开发、设计、生产和销售提供了很好的指导意义。而作为设计人员，在进行产品设计时应学会充分利用这种方法，正确处理功能与成本的关系，将价值工程意识纳入到产品设计中，使产品在激烈的市场竞争中立于不败之地，为企业赢得市场，获得更大利益。

3.4 并行工程

3.4.1 并行工程的概念

20 世纪 80 年代中后期以来，中国制造业商品市场发生了很大变化，产品同质化现象越来越明显，客户对产品的质量、成本和种类要求越来越高，产品的生命周期越来越短。企业为了在市场竞争中取胜，就不得不加速新产品开发、提高产品质量，同时要能够降低成本、改进服务，然而要解决这些问题，运用传统的设计方法显然费时费力。为了迅速开发出新产品，使其以较好的速度和质量进入市场，设计行业引入了并行工程的设计方法。

并行工程（Concurrent Engineering）是在充分调动企业各种资源的基础上，集成的、并行的设计产品及其零部件和相关各种过程（包括制造过程、支持系统）的一种系统方法。这种方法要求产品开发人员与其他人员一起共同工作，在设计一开始就考虑产品整个生命周期中从概念形成到产品报废处理的所有因素，包括质量、成本、进度计划和用户的要求。并行工程的目标为提高质量、降低成本、缩短产品开发周期和产品上市时间。

并行工程最早由美国国家防御分析研究所（Institute of Defense Analyze，IDA）在 1988 年应用于武器生产上，并被完整提出，在国外现已被广泛应用于汽车、飞机、机械、计算机、电子等行业。美国弗吉尼亚大学并行工程研究中心应用并行工程开发新型飞机，使机翼的开发周期缩短了 60%；德国西门子公司下属的公共通信网络集团在开发复杂电子系统的核心子系统过程中，采用了并行工程的方法，取得了显著的效果，在仿真阶段共提出 320 份报告，发现并纠正了许多错误。国内从 1992 年也开始展开对并行工程的研究，863/CIMS 年度计划和国家自然科学基金资助了一些并行工程相关技术的研究课题，到现在并行工程也开始在航天工业、汽车工业中得到应用。西安飞机工业（集团）有限公司在已有软件系统的基础上，开发支持飞机内装饰并行工程的系统工具，如 Y7-200A 内装饰设计制造并行工程使研制周期从 1.5 年缩短到 1 年，减少设计更改 60% 以上，降低产品研制成本 20% 以上。

很长时间以来，产品开发设计沿用了串行工程的模式（见图 3-39），这种模式的优点是在专业分工很细的现代工业，可以保证产品设计过程有条不紊地进行；但其缺点也很明显，比如信息共享和沟通困难，工业设计和结构设计衔接不紧密，在产品开发前期不能考虑整个产品开发过程中多因素的协调，最后可能会导致产品出现事先并未预计到的问题。如果再返回到前一环节重新设计改进，易造成重复劳动，浪费大量的资源和时间，使设计效率低下。

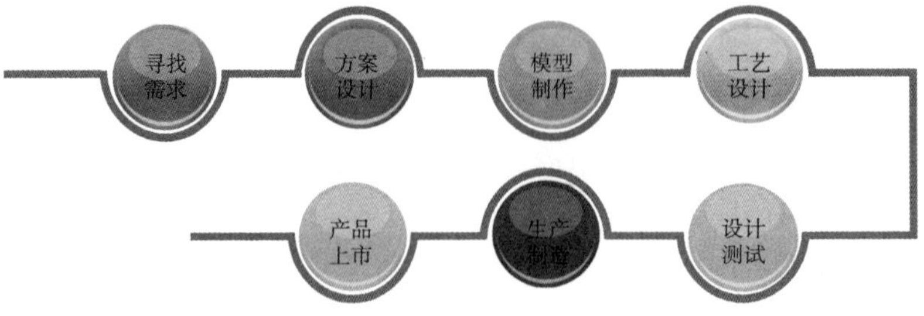

图 3-39 产品开发串行工程流程图

而并行工程则改进了产品设计开发流程，在产品开发初期组织多职能部门协作，并能考虑生命周期各阶段的因素，使后续环节可能出现的问题在设计早期就可以被发现并得到解决（见图 3-40）。在设计阶段各职能部门能够同时工作，协同运行，从全局优化的角度出发对集成过程进行管理和控制，从而最大限度地避免反复设计，保证设计质量。

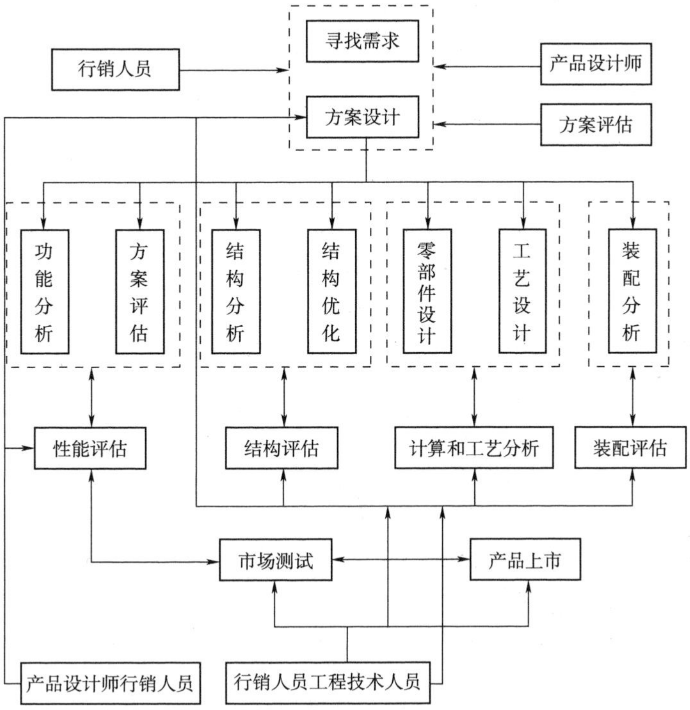

图 3-40　产品开发并行工程流程图

3.4.2　并行工程的基本内容和特点

并行工程作为产品开发设计的方法，主要包括以下几个内容。

（1）过程重构、集成。由传统的串行产品开发模式转变成集成的、并行的产品开发模式，使后续设计过程中的需求信息能够及早地反馈给相应的过程。

（2）产品开发团队的重构。以产品设计为驱动，构建多功能集成产品研发团队，团队主管要有大局意识，强调人的作用，注重整体效益，通过设计协作的平台对产品开发过程的分工协作进行规划，各个设计人员以预定角色积极参与设计活动。对于较为复杂的产品，产品开发团队可以由总体组、分系统组、各零部件组等若干更小的团队按一定的方式（如层状结构）组织起来。

（3）构建产品数据管理系统和协同工作的环境。需要构建一个为产品开发设计的并行环境，可以实现产品信息的共享、查询以及分级管理，通常通过计算机网络系统定义产品模型、集成信息，支持各方面人员并行工作、甚至异地工作，它可以实时、在线地在各个设计人员之间沟通信息、发现并调解冲突。同时，利用这种组织结构和工作方法能促进人们之间相互理解，激励积极性，提高协同作战的能力，塑造良好的企业文化氛围。

通过并行工程的内容和并行产品开发模式流程图，我们也可以看出，并行设计有以下几个特点：

（1）强调管理体制和人的作用。转变设计程序和方法后，如何进行有效的体制管理是十分重要的，一旦管理上存在纰漏，并行设计就会流于形式。同时人的作用也极为重要，要重视团队工作、团队精神和合作协同的工作方式。在计算机技术高度发达的今天，团队可以利用计算机网络平台进行信息的共享、交流、审查和讨论。

（2）强调设计过程的并行性。产品设计与工艺过程设计、生产技术准备、采购、生产等种种活动并行交叉进行，要学会在信息不完备情况下就开始工作。并行设计的含义并不是说设计和制造可以同时进行，它只是强调一切过程要在设计前期进行统筹规划、思考，以最佳的设计方案降低成本、缩短周期。同时，并行设计不能任意删除传统设计过程的环节，而要“大并行，小串行”。

（3）强调设计过程的系统性。要以客户需求为不变目标，将设计、制造和管理作为一个整体系统来考虑，实现系统的简化和协同。

（4）强调信息反馈的及时有效性。依据适当的信息系统工具，对设计结果进行及时审查和反馈，协调整个项目的进行。利用现代 CIM 技术（Computer Integrated Manufacturing，CIM 技术是基于现代管理技术、制造技术、信息技术、自动化技术、系统工程技术的一门综合性技术），在产品的研制与开发期间，辅助项目进程的并行化。

3.4.3 并行工程的团队人员构成

新产品开发设计的过程是一项创造行的活动，离开人的创造性思维要设计出创新产品是不可能的，因此，成功实施并行工程的关键因素是人。通过多方设计人员的参与、沟通和协作，可以解决产品设计和技术实现的复杂性问题。并行工程的团队人员构成主要如图 3–41 所示。

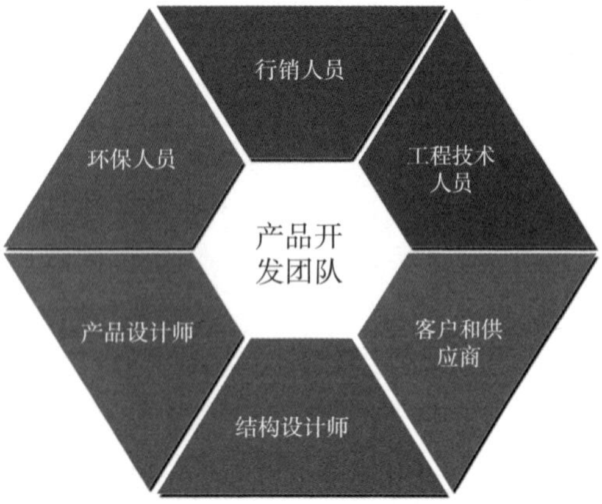

图 3–41 并行工程产品开发团队构成

1. 工程技术人员、行销人员

在传统产品开发流程中，工程技术人员（包括制造人员、装配人员、质量检测人员等）和行销人员（销售人员、市场调查人员等）是处于下游的人员，在并行工程中，将这些人吸纳到产品设计的早期活动中，可以预见设计过程中可能出现的问题，减少产品开发的时间和费用，有利于缩短产品开发周期。在设计界，流行这样一种说法：“产品的质量不是制造出来而是设计出来的”，产品开发的成本在工业设计阶段就已经确定了 70%，因此工程技术人员和行销人员的参与会大大提高产品的开发效率。

2. 产品设计师、结构设计师

他们是产品设计方案构思设计的主要执行者，要求设计师紧密联系客户，根据市场和客户需求创造性地进行产品方案设计，同时根据并行工程的要求，产品设计师和结构工程师要及时进行信息沟通，防止出现结构和造型冲突的情况。

3. 客户和供应商

让顾客和供应商参与到产品开发设计中，可以减少设计的不确定性。市场需求存在着很大程度的模糊性和不确定性的因素，有些因素在设计中无法进行量化，为了更好地反映客户需求，降低风险，提高产品适应市场的能力，需要吸纳部分客户和供应商到开发团队，他们的所见、所想、所需及他们所信任的就决定了企业开发的产品是否有价值。设计人员需要和客户进行有效的双向沟通，根据他们的需求编译产品设计信息，并将这些信息反馈到产品的设计中，从而帮助团队细化产品设计的各个要素，提高产品设计的成功率。

4. 环保人员

绿色设计已成为21世纪产品设计的一个重要特征，很多产品在报废时带来严重的环境问题，企业在解决这些环境问题时所耗费的成本也相当高。因此在设计阶段，企业就要充分考虑产品的环保性。环保人员加入到产品设计小组中，可以和设计人员一起考虑产品对自然资源和环境的影响，将可拆除性、可回收性、可重复利用性等要素融入到产品设计的各个环节中去。在满足环境要求的同时，兼顾产品应有的基本功能、使用寿命、经济性和质量等。

在产品开发不同的时期，产品开发小组成员的作用和主次关系是变化的。在方案设计阶段，以客户和行销人员为主，其他人员为辅；在设计阶段，以产品设计师为主，制造、装配、质量等人员为辅；到制造阶段，以制造人员为主，产品设计师、行销人员为辅，他们之间是一种此消彼长、此动彼应的关系。

3.4.4 并行工程的支撑技术

并行工程除了有产品数据管理系统和协同工作的支撑环境外，还需要有下列技术支持：

1. CAX 技术

CAX 是 CAD、CAM、CAE、CAPP、CIM、CIMS、CAS、CAT、CAI 等各项技术之综合叫法，这种技术把多元化的计算机辅助技术集成起来复合和协调地进行工作。

2. DFX 技术

DFX 技术即面向产品全生命周期的设计技术，它是一种集成化设计技术，其综合了计算机技术、制造技术、系统集成技术和管理技术，充分体现了系统化的思想。通过 DFX 技术，可以在设计前期考虑到产品的性能、质量、可制造性、可装配性、可测试性、产品服务和价格等因素，对产品进行优化设计或再设计。最常见的 DFX 技术有：面向装配的设计（Design for Assembly，DFA）、面向制造的设计（Design for Manufacturing，DFM）、面向性能的设计（Design for Compatibility，DFC）、面向方案的设计（Design for Variety，DFV）、绿色设计（Design for Green，DFG）和后勤设计（Design for Logistics，DFL）等。

3. 产品建模和运动仿真技术

并行工程要求及时了解产品生命周期各环节的情况，如可制造性、可负担性等。通过建立与产品有关的模型，如产品模型、装配模型、成本模型、资源模型，并进行仿真分析，可以对产品性能和相关参数及时作出反应。

4. 集成框架技术

一般来说，各种计算机资源、操作系统、网络、数据库管理系统被统称为平台，而基于这些平台上实现某一特定任务的软件被称为工具软件，各工具集成软件或更高层集成的软件被统称为集成框架（Framework）。并行设计框架是构造和支撑并行设计环境的基础结构，是产品并行设计的开发环境和运行环境。与传统的设计方法相比，并行设计不仅更加强调信息集成，而且注重整个设计过程的集成，保证设计组各成员之间的充分合作和协调。因此，并行的集成设计框架应主要以设计信息集成和设计过程集成为基础，需要完成两个方面的任务：一是提供产品数据管理系统，用于实现对各种设计数据的核心组织，完成对产品设计和研制过程中的相关设计数据的管理；二是提供一个设计流管理系统，用于管理并行的设计过程，支持不同设计任务和设计方法。

第4章
Chapter4

产品开发设计的评价

产品开发设计的评价指在产品开发设计过程中，依据一定的原则，采取一定的方法与手段，比较、评定产品开发设计各阶段的任务，筛选方案，适时、适当地作出判断，实现有效的设计交流，发现并解决设计中的问题，有效保证设计的质量科学，减少设计的盲目性，提高效率，降低成本，完善设计方案，推动产品开发设计程序的顺利进行。

4.1 评价的流程与产品开发各阶段的评价

产品开发设计过程中的评价应是集消费者、企业、产品本身三方面因素的综合体系。评价体系在不同的设计阶段有着不同的体现。产品设计各阶段所遇到、所解决的都是复杂、多解的问题，通过各阶段评价对所遇问题进行分析、综合、判断作出决策，推动设计程序顺利进行。因此，评价流程的制定是产品设计开发能够顺利进行的重要保障，它可以使产品开发设计的过程顺利、高效、严密。

产品开发设计过程的各阶段总是伴随大量的评价，随着科学技术的发展和人们生活质量的提高，产品开发设计评价描述的内容越发丰富。在产品开发的初期阶段，往往是模糊、感性的评价，如关于产品的适用性、可靠性、美观性、宜人性、安全性、加工性等项目的评价。其评价结果往往受经验和直觉影响，有时不够准确、客观。随着产品开发设计的深入，量化的产品数据信息的评价开始大量出现，如材料数据、人体数据、环境数据、法规数据等的分析评价，这些科学、定量的数据分析为评价活动提供了可靠的决策依据。随着产品开发设计评价工作的展开，各阶段的评价内容、评价任务、评价体系也在发生着变化。

4.1.1 产品开发设计评价的流程

评价的流程始终是围绕着产品开发的程序展开的。企业根据市场调查分析资料及企业的发展目标综合分析制定出产品的开发设计目标。在产品开发设计目标的指导下，产品构思阶段的评价活动是筛选出符合条件的设计构思。在产品方案的深化与发展阶段，通过评价活动确定满足产品设计目标并且在现有条件下可实现的最佳解决方案。评价通过的最佳方案进入产品原型制造加工及测试阶段，通过测试的产品进入市场，在市场导入阶段开始对产品的市场试销及相应的市场营销策略作评价。从以上流程来看产品评价活动可分为五个阶段（图 4–1），如果某个阶段的评价结果没有满足此阶段评价的目的及要求，即结果为否定就会返回到上一级的产品开发设计阶段，寻找问题的原因，修订并优化产品方案；如果评价的结果符合评价的目的及要求，即结果肯定就会顺利进入下一个产品开发设计阶段。

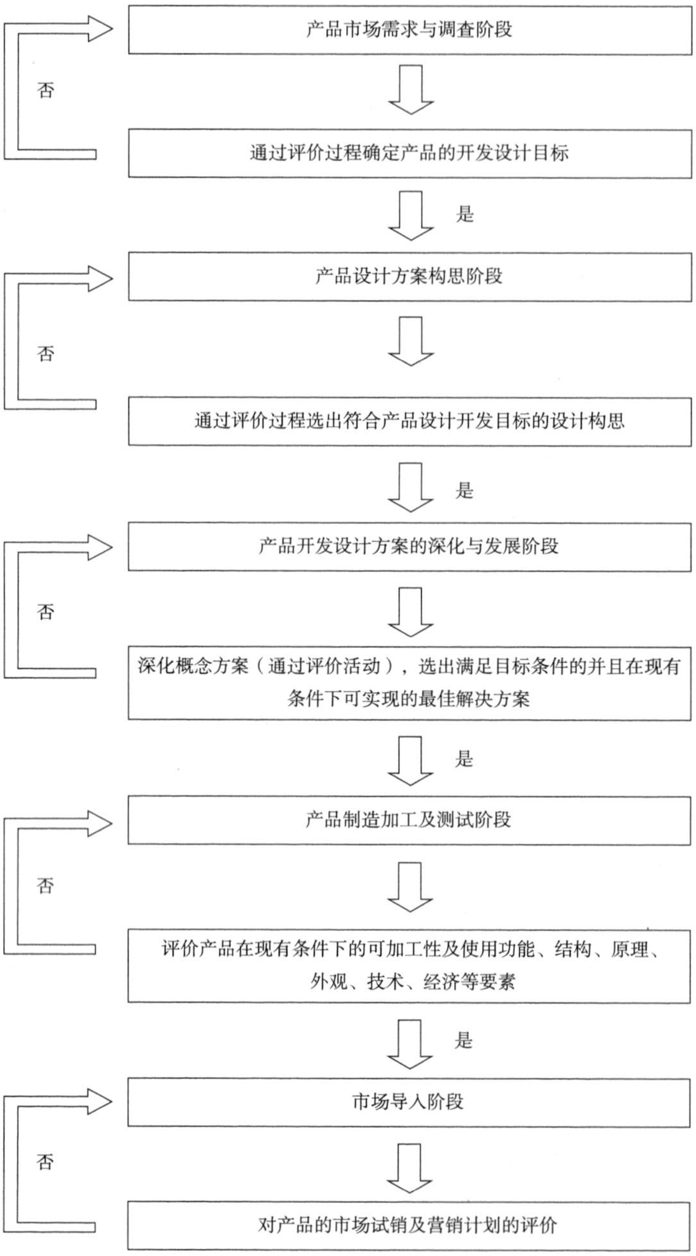

图 4–1　围绕产品开发设计程序的评价流程

4.1.2　市场需求与调查阶段的评价

1. 评价的任务

产品开发首先从市场需求与调查开始，消费者的需求预测与市场调研是产品开发决策最重要的基础。此阶段评价的任务是通过市场需求预测及调查分析材料的汇总，同时结合企业的性质、企业的生产开发能力、企业发展目标等，决定生产哪种类属的产品及制定产品在技术性、创造性、科学性、社会性等方面的开发目标。

2. 评价的依据

市场调研中消费者对产品的评价应考虑价格、功能性、安全性、可靠性、审美性等方面。企业为了适应激烈的市场竞争及成长发展的需要，多从产品的成本、利润、可行性、生产周期和销售前景等方面对产品进行评价。

为了确定产品的开发目标，企业多从消费者、产品、企业自身进行预测。通过预测，掌握市场对产品需求变化发展的趋势。其内容有经济预测、销售预测、市场预测等，分别通过统计值、调查数据等资料进行分析。

预测的内容如下：

（1）消费者需求哪种类属的产品，以及产品的质量、数量、价格、功能、结构、工艺、造型形态、使用、维修等方面有哪些需求。表4–1为市场预测的电水壶设计的综合评价结果。

（2）根据企业的性质、生产能力和长远目标能够生产哪些产品。

（3）市场的变化对未来需求的影响。

（4）市场新产品的开发趋势对本企业新产品开发方向进行的预测。

（5）产品的周期预测等。

（6）产品何时投入生产，何时进入市场，生产多少数量。

（7）企业对产品的成本、利润、可行性、生产周期、销售前景的预测分析。

表4–1 市场预测的电水壶设计的综合评价结果

功能性	经济性	外观
使用操作要简单 水能很方便放入及倒出 开水煮好后自动断电并有提示 在煮的过程中，不会有烫伤的危险 方便清洗	价格不能太贵 品质经久耐用	外观时髦漂亮，体积不能太大， 容易维护、储藏

为确定产品的开发目标，企业在市场调查研究方面的工作包括：

（1）了解国内市场和重要用户及国际重点市场同类产品的技术现状和改进要求。

（2）以国内同类产品市场占有率的前三名以及国际名牌产品为对象，调查同类产品的质量、价格、市场及使用情况。

（3）广泛收集国内外有关情报和专刊，然后进行可行性分析研究。具体调查资料如：产品普及情况，企业间商品竞争情况，经济环境，社会经济动向，消费者收支，人口、家庭及构成情况，消费者的爱好、兴趣等资料的统计。

以上市场预测与市场调查的内容将以报告或数据分析的形式汇总作为进行阶段评价的依据。

3. 阶段工作的评价

市场需求预测与调查阶段处于产品开发设计的最初阶段，此阶段的评价活动往往由企业高层主管人员凭借专业知识与经验根据市场预测与调查资料的汇总作出综合评价（见表4–2），确定产品开发设计目标（见表4–3）。通过各种数据、报告的综合分析评价，明确产品在结构、原理、性能及造型上的具体创新方向，明确产品的技术可行性与先进性以及明确产品的消费环境、消费市场定位等具体方向，并依此安排下一阶段的工作。

表 4-2　对部分预测及调查资料分析报告的评价

序　号	评　价　项　目	评　价　内　容	评　价	改进见意
1	企业开发资金预测报告	确定是否能满足产品开发过程	满足	
2	经济效益分析报告	是否具有可行性和可操作性	可行	
3	生产能力分析报告	是否具有客观合理性	合理	
4	可靠性研究	能否有效指导产品设计和开发	能	

表 4-3　某产品开发设计目标项目要点

序　　号	产　品　开　发　设　计　目　标
1	有明确、完善的功能
2	有机能、造型、工艺方面的创新性
3	价格适宜，经久耐用
4	运用高新技术开发体积小、功能多、空间利用充分的产品
5	使用便捷，操作合理，舒适安全
6	符合企业的发展目标
7	材料环保可回收
8	有利于人类的生存与发展，符合现代生活理念

4.1.3　产品构思阶段的评价

1. 评价的任务

产品方案构思阶段是对产品开发设计产生创造性想法的阶段。产品构思是企业通过引入新概念、新思想、新方法、新技术等针对市场需求提供给市场的产品设想。设计过程的创造性想法可从原理、结构、技术、材料、工艺等方面改进和突破。这个过程会产生大量的构想，但并非所有构想都能变成产品。此阶段的评价就是筛选出符合产品开发目标要求的有继续发展价值的产品构思方案。

2. 评价的依据

此阶段的评价活动把产品的开发目标作为主要的评价参考依据。产品开发目标既要符合产品在创新、审美、经济、社会等方面的设计原则，还要符合企业的发展目标。既要考虑产品构想方案在市场上是否有很好的成长机会，还要考虑是否符合公司的获利要求，是否符合公司的产品模式，是否符合公司的形象与定位，是否符合企业的性质、生产能力、长远目标等。

3. 阶段性的评价

此阶段的评价没有使用特定的评价模式，常通过企业相关部门负责人通过个人理解及经验判断产品的创意构思是否符合企业的产品开发目标，并筛选出符合企业产品开发方向的方案构思。

4.1.4　产品开发设计方案的深化及发展阶段的评价

1. 评价的任务

产品开发设计方案的深化及发展阶段是产品设计过程中最基本、最重要的内容。在众多符合企业产品开发目标的构想方案中，通过评价过程确定可以满足各种条件的可以实现的最佳方案。企业在最终的方案上继续深化，投入更多的人力、资金使最终的方案得以继续深化发展。

2. 评价的依据

通过对符合产品开发目标的构想方案的比较、评选，确定最佳设计方案。评价过程中，草图、效果图、工程图、结构图、产品方案展示图、模型等资料可作为评价的依据。产品方案展示图能够直观形象地对产品作功能分析、结构分析、工艺分析、材料分析、造型分析、宜人性分析、使用场所分析等，而模型则更能直观地体现产品方案的造型材料与结构。

3. 评价的标准

（1）经济性标准：是否用最低的费用取得最佳的效果，是否采用新工艺、新材料，是否尽可能采用流水线生产、实现自动化管理。是否注意降低材料消耗和节约能源，是否在功能不变的前提下降低成本、在价格不变的前提下增加功能、在增加功能的同时降低成本等。

（2）技术性标准：是国家为了保证技术产品的质量、维护消费者利益和安全而颁布的有关规定。遵守技术规范还可以推动产品标准化建设，降低成本和提高效率。

（3）社会性标准：产品方案是否有益于社会效益、环境效益的提高，是否有益于人们的身心健康，是否给人提供一种良好的生活方式和能源利用方式等。

（4）审美性标准：方案是否能让人们从产品的外观和造型上得到美的体验、享受和精神上的愉悦。评价时要考虑产品的造型风格、时代性、美学价值、个性体现等。

（5）道德标准：设计必须严格遵守专利法、公民权益保护法、环境保护法等相关法律规定。设计者必须有宽广的眼界和高度的社会责任感，力求用设计完美的产品奉献社会，维护完善社会伦理道德，推进人类文明的发展。

（6）可持续发展标准：产品设计既能满足当代发展的需求，又要考虑未来发展的需要，不以牺牲后人的利益和长远的利益为代价来满足当代人的需求。要考虑人类长远的发展，资源与能源的合理利用，生态的平衡到可持续发展的因素。考虑产品带来的社会效益、对环境的影响、宜人性、审美价值、与人们生活方式的关系等，现如今低碳设计已成为优秀产品开发设计各阶段评价的标准。

4. 阶段性的评价

确定最佳产品方案的评价方式很多，以下对常用的评价方式进行简单的介绍。

（1）按产品设计原则进行评价。评价产品方案时按照产品设计的原则为依据进行评价，包括产品的功能及外观所具有的创新性、生产制造过程中的经济性、使用过程中的功能性、符合时代潮流及人们心理需求的审美性等设计原则。如在评价产品方案外观时审美性的主观评价问题包括：

1）它吸引人吗，令人兴奋吗？（是，否）

2）产品能显示它自身的品质吗？（是，否）

3）看上去给人一种什么印象？（好，坏）

4）拥有产品能够给顾客带来自豪感么？（是，否）

通过功能分析、结构分析、工艺分析、材料分析、造型分析、宜人性分析、使用场所分析等数据汇总进行创新性、功能性等方面的评价。为了提高评价效率，降低评价实施的费用和减轻工作量，可以选择那些最能反映方案可行性的设计项目作为评价项目。在评价过程中发现问题，找到合理的解决办法。

（2）按评分法对方案进行评价。还可运用评分法评价产品方案的设计，如对产品造型设计方案的技术可行性、先进性、可靠性、实用性、成本、预计盈利率、投资、投资回收期、形态、色彩、审美价值、社会需要和社会环境指标运用评分法进行评价。评分法的目的是为了得到目标方案的评价分数，然后将多个目标方案或某一评定项目的标准进行汇总比较，从而确定某个方案的可行性，也以此确定最佳设计方案。表 4–4 为运用评分法对某方案产品形态的评价得分及评分标准。

表 4–4　运用评分法对某方案产品形态的评价得分及评分标准

评　定　项　目	分　项　内　容	分项计分	实　评　得　分
形态（项目总分 20）	形态与功能的和谐统一	8	
	形态设计均衡稳定	2	
	整体形态比例协调	4	
	造型形态风格明确，个性突出	4	
	造型形态时髦，具有时代性	2	

（3）按 SD 法对方案进行评价。SD 法是设计界通用的一种较简便的评价方法。具体做法是：用形容词或副词标出评价的尺度，并找出与之相应的各种词汇，如很高、高、一般、较高、不高等；也可标出评级尺度的数值，如 5、4、3、2、1 等，作出较为详细而明确的比较，最后得出结论。表 4–5 为在产品方案的市场可能性预测评价时运用 SD 法的评价模式。

表 4–5　在产品方案的市场可能性预测评价时运用 SD 法的评价模式

性能 预测项目	很　高	高	一　般	较　高	不　高
	5	4	3	2	1
与现有市场竞争商品的对比	比竞争商品具有更先进的特征，并能促进销售	比竞争商品具有不少先进特征	与竞争商品特征相同	具有若干先进特征，但促销作用不明显	没有先进而突出的特征
产品打入市场需要的人力、物力的投资	需要大量的人力、物力投资	需要大量的人力、物力投资	仅需通常的人力、物力投资	仅有少量投资	不需要投资
使用者数量的预测	使用者有实质性增加	使用者有部分增加	使用者几乎不变	使用者有所减少	使用者有实质性减少

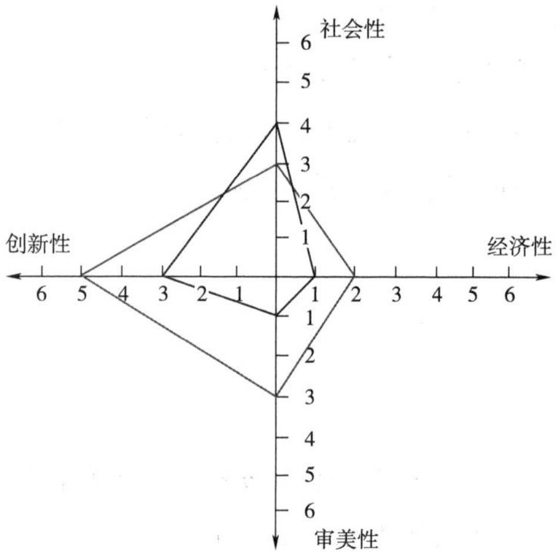

图 4–2　利用坐标法对方案进行评价

（4）利用坐标法对方案进行评价。坐标法是将产品的各项属性特征按坐标的方式加以评定，这样就将对抽象的产品属性特征的理解转化为直观的观察，易于作出快速而准确的评价。如图 4–2 所示，利用坐标法对方案进行评价，每项标准作为一个坐标方向，满分为 6 分，四项属性和形成的封闭空间面积越大，表明该设计在这四项属性标准评定中得分越高。图中评价所用的四项属性可以根据具体情况加以选择。如横轴左、右坐标方向可以分别代表创新性、经济性；纵轴上、下坐标方向可以分别代表社会性、审美性等。

（5）还可利用点评价法对产品方案进行评价。点评价法指对各方案按重要的评价标准项逐个作出粗略评价，用符号

“+”（行）、“-”（不行）、“？”（再研究一下）、“！”（重新检查设计）等表示，根据评价情况作出选择，见表4-6。

表4-6　利用点评价法对产品方案进行评价

评价项目 \ 方案	A	B	C
满足使用功能要求	+	+	+
成本符合要求	-	-	+
加工装配可行	+	?	+
维护方便快捷	+	?	+
具有操作舒适性	-	+	+
造型具有审美性	+	-	+
具有低碳设计特点	+	+	+
具有时代感	+	+	+
总　　评	6 +	4+	8 +
结论：C为最佳方案			

4.1.5　产品制造加工与测试阶段的评价

1. 评价的任务

此阶段评价的任务是根据现有的材料与加工技术条件对产品的可加工性进行评价以及产品出厂前各种性能的评价。通过评价过程优化产品的加工技术及结构，优化产品的设计质量。

2. 评价的依据

产品方案最终要由生产厂加工制造才能变成真正的产品。产品方案能否加工成型与生产单位具有的生产资源有极大的关系。通过考虑加工资源对产品方案加工的限制及方案在现有条件下的加工可行性分析，不断优化产品的结构，处理好产品方案与实际加工制造之间的关系。

对加工后的产品进行测试考察，分析和评价产品使用功能的先进性、可靠性、宜人性、安全性及产品功能结构特点、产品的原理、产品的外观及其达到国内外的先进技术水平等。发现问题，并将问题反馈到产品制造加工及从方案设计阶段中寻找原因进行修正，从而优化产品的质量。

3. 阶段性的评价

阶段的评价方式灵活，可根据具体的评价内容设计相关的评价体系。

如在产品测试阶段对产品的用户界面质量的评价方式有：

（1）产品的特征是否向顾客有效地揭示了相应的操作？（是，否）

（2）产品使用方便吗，所有性能都安全吗？（是，否）

（3）所有潜在的顾客在设计上都明确了？（是，否）

（4）产品资源充分合理利用了吗？（是，否）

（5）为了满足顾客的需要所耗费的资源合理吗？（是，否）

（6）材料的选择合理吗？（是，否）

表4-7为运用SD法对产品部分人机界面项目的测试评价。

表 4-7　运用 SD 法对产品部分人机界面项目测试的评价方式

评价等级 / 评价项目	很　高	高	一　般	较　高	不　高
	5	4	3	2	1
适应人对信息的传递、加工、输出	高度适合人的正常操作习惯，信息传递迅速，人对信息的处理效率很高	很适用人的正常操作习惯，信息传递迅速	能适应人对信息的接受、处理、输出的习惯	基本满足人对信息的处理习惯	不适应人对信息的处理习惯
显示的合理性	显示清晰、直观，加速信息的传递	显示清晰、直观，满足于信息传递的需要	能够满足信息的传递需要	基本满足信息的传递	不能充分满足信息的传递
工作效率性	很高	高	一般	较高	不高
工作安全性	很高	高	一般	较高	不高

4.1.6　市场导入阶段的评价

1. 评价的任务

此阶段评价的任务是评价产品被消费者的接受程度、产品的强弱点、在市场同类产品的竞争力等；综合评价用户对产品推广方案、广告、促销等的可接受程度，以便为改进和下次开发提供依据；建立有效的消费者评估体系，将反馈的信息推广应用到具体的市场营销策略中去。

2. 评价的依据

企业的经营活动应以市场为起点，只有研究市场的需求变化，了解市场的潜在需求，预测市场的变化趋势才能作出正确的决策。当新产品投放到市场时，企业为了获取消费者能否真正地接受新产品，会对产品进行市场的试销测试。虽然之前企业开发部门都对产品导入市场进行了相应的评估、判断和预测，但这种评价和预测在很大程度上受到企业产品开发人员的主观影响，往往有时不够准确，投放到市场上的新产品能否真正得到目标市场消费者的认可，企业通过市场试销将新产品投放到有代表性地区的小范围的目标市场进行测试，才能真正了解该新产品的市场前景。

市场试销测试是对产品各种指标的全面检验，所获得的信息与资料为产品全面上市提供系统、全面的决策依据，也为产品的改进和市场营销策略的完善提供直接的资料。这个阶段市场测试的评价内容主要包括产品成分方面的评价、构造方面的评价、产品性能方面的评价、产品的使用状况和使用方法的评价等。具体表现为如对产品的造型、色彩、材料、性能、价格、舒适性等方面的评价。通过产品试销测试，企业可以清晰地了解消费者对产品是否满意，哪里需要改进和完善，与最理想的产品相比有何差距，与竞争对手的差距等。

对市场营销的评价主要考察市场营销活动的经济效益，这是市场营销管理活动的核心。影响市场销售的因素很多，如区域内的营销环境、产品市场情况、销售款回收情况、竞争地位等，对这些因素进行分析，进而对产品的销售策略进行评价和预测研究，明确产品的销售潜力及影响销售的主要因素，从而在不同的因素之间合理分配资源，有针对性地制定相关的产品销售策略、价格策略、促销策略、销售渠道策略，寻找实现销售目标的最优方法和途径。

3. 阶段性的评价

此阶段的评价可以通过对消费者使用产品直接或间接的问卷调查获取产品投入市场的资料，通过跟踪销售量、销售额与市场投入的参数比较来评价销售策略的优劣程度。也可根据企业销售款回收情况分析等资料获取评价营销策略优劣的依据。

在产品试销测试时通过消费者在一定时间内使用产品，评价产品的各项指标是否达到预期的要求。实际调查中主要集中在某类别单一商品的评价上，如集中调查消费者对某一商品的色彩、型号、手感、包装、功能、舒适度等方面的满意度。

如消费者对使用某产品手感舒适度的直接评价：

很满意（5分）、满意（4分）、未定（3分）、不满意（2分）、很不满意（1分）。

通过问卷获得消费者对企业营销策略的评价方式如下：

（1）对产品的使用方式、性能是否明白？（是，否）

（2）是否对促销产品感兴趣？（是，否）

（3）是否对新产品有购买意向？（是，否）

（4）产品的卖点明确吗？（是，否）

（5）是否愿意支付目前的价格？（是，否）

4.2 评价中存在的主要问题及改进措施

评价活动能够优化产品开发过程，评价不仅仅是对方案的综合分析和评价结果，还包括针对发现的问题和弱点加以改进和完善。因此评价是有难度且复杂的过程，评价过程中也同样存在影响评价结果准确性的问题。

4.2.1 评价中存在的主要问题分析

（1）企业对市场分析预测定位不准确、产品开发目标不明确。企业忽视市场需求预测及调研的重要性，对市场发展态势判断失误，产品开发目标不明确。对现有技术的前景、效果、寿命的评价不准确，对市场接受的时间、市场寿命及市场开发所需资源投入强度等的不确定性，造成产品与目标市场不适应，产品目标与市场脱节。

（2）产品评价项目不准确，不全面，设计方案不明确。由于企业缺乏专业技术人才制定准确详细的评价项目与评价系统，导致产品在开发设计过程中评价不全面、不准确，数据资料分析不准确。评价小组只是对设计结果粗劣地估计、评价，对于发现的问题没有仔细分析就进入到产品开发的下一个阶段，因而造成设计方案不明确，最终产品设计方案与目标方案相差甚远，甚至还会造成产品开发过程的经济损失和时间的延误。

（3）部门间沟通协调困难，延长了开发周期，导致设计质量低劣。在产品开发过程中，需要各个项目小组之间相互配合，才能保证产品开发过程的顺利进行。特别是通过评价结果发现问题时更是需要各部门之间及时沟通，协调解决问题。如果各部门之间沟通协调不充分，将会造成评价体系不完整、部门间的过渡不流畅。其结果会导致产品开发出来后难以投入生产，产生的质量问题导致后期的维护工作量大，严重影响产品的市场竞争力和企业声誉。

4.2.2 针对问题的改进措施

（1）改善企业现有市场调研方法和程序，建立详细高效的目标市场调研、信息沟通体系和流程，加强目标客户的价值观、行为方式的研究。仔细分析市场的需求、消费者的喜好、竞争对手的强弱、新产品的开发前途等，认真科学地明确新产品开发的目标。

（2）建立引进专业与管理人才的高效、科学的流程。引进具有组织能力、创新能力的人才，选拔或培养适合企业各种角色的专业人才，这样才能引进企业所真正需要的具有先进管理理念和行为方式的人才。通过优秀人才的引进，提高企业的科技与管理力量，保证产品开发评价过程专业顺利地进行。

（3）企业拓宽人才的培训教育渠道，着力培养高级管理人员、专业技术人员和市场营销人员的综合素质。加强企业内部之间各种专业的沟通，确保评价活动顺利进行。

4.3 世界顶级设计竞赛对优秀设计的评价

iF 奖与红点奖（red dot）和 IDEA 奖并称为世界三大设计奖。

4.3.1 iF 设计奖

4.3.1.1 iF 简介

图 4–3 iF 奖标志

iF DesignAward，简称“iF”，创立于 1954 年，该奖是由德国历史最悠久的工业设计机构——汉诺威工业设计论坛（iF Industrie Forum Design）每年定期举办的（见图 4–3）。iF 设计奖是国际上最著名的奖项之一，欧洲媒体亦称之为“设计的奥斯卡”，每年在汉诺威举办 CeBIT 展览的同时举行颁奖典礼，奔驰、宝马、IBM、三星、索尼、华硕等国际巨头齐聚 iF，并展示最新的设计产品。

能获得 iF 认证的产品，意味着是杰出设计的产品。iF 奖已经成为行销全球的保证书。该奖每年从获得 iF 认证产品中再筛选出金质奖约 25 名、银质奖约 50 名。iF 拥有一个常设性展示馆，坐落于德国汉诺威国际展览场（也就是主办全球最大计算机展——CeBIT 的展览场），得奖厂商在该展场将享有为期 7 个月的展出机会。

汉诺威工业设计论坛，简称“iF”，已经被国际公认为当代工业设计领域中的一流设计机构。以世界上最大的展览场地汉诺威为基础，与世界上最大的两个展览会——汉诺威信息技术及通信博览会和汉诺威工业博览会紧密相连，汉诺威工业设计论坛专注于追求工业设计的卓越，使工业经营更注重设计的重要性，为产品的商业兴旺作出了积极贡献。

汉诺威工业设计论坛成立于 1953 年，现今已享誉国际，尤其是它的设计竞赛更是赫赫有名。它的成功绝大部分归功于邀请了全球最重要的工业设计家参加汉诺威工业设计论坛竞赛。在展示优秀的产品设计的同时，汉诺威工业设计论坛还鼓励精彩的合作设计，奖励设计领域中有杰出成就的个人，并组织特殊展示和展览（见图 4–4）。

iF 奖由以下几个子赛事组成。

iF product design award

iF communication design award

iF design award china

iF material award

iF brand award

除此之外，iF 还有 3 个颁给学生的方案设计奖。

iF concept award product

iF concept award communication

iF concept award material

图 4-4　拉链音响
（拉开音响的拉链，你就能听到歌声，拉链拉得越低，歌声越大，很有想象力的设计）

4.3.1.2　iF 与中国

经过半年多与 iF 的商谈，中国工业设计论坛（CIDF）组委会执行主席杜建君先生一行应 iF 的邀请于 2003 年 3 月 11 日飞赴德国汉诺威 iF 总部，与 iF 执行总裁 Ralph Wiegmann 签订了专有合作伙伴的协议，Ralph Wiegmann 并亲自向中国工业设计论坛组委会签署了 iF 的授权书。杜建君先生参观了 iF 的 2003 年度的获奖产品展览，并出席了 iF 颁奖典礼，iF 在颁奖典礼上宣布了 iF 与中国工业设计论坛合作，并对中国的工业设计领域的发展作了很高评价。

4.3.1.3　中国与 iF 设计金奖

2005 年 3 月，中国台湾的华硕凭借 W1N 笔记本电脑获得 iF 金奖，成为中国设计界 50 年来的突破。此外，明基和华硕分别有 10 款和 5 款产品入围获得 "iF 设计奖"，成为中国工业设计的典范。此后，在台湾 IT 企业华硕、明基等厂商的带动下，大陆的联想等企业也开始有产品参加 iF 设计大奖的争夺。

iF2005 获奖作品如下。

华硕 WIN 笔记本电脑；明基 Finger Mouse "金指侠" 鼠标；明基 Joybee-105 随身听；索尼 HDR-FX1 高清数码摄像机；松下 D-snap SV-AV50 数码随身听；爱普生 STYLUS-CX3650；苹果 iPod mini 等。

iF2006 获奖作品如下。

中国大陆地区 2006 年总共有 4 款产品榜上有名，分别是汕头 CITAQ 川田 Opoz RP5080 热敏打印机、联想的天逸 500 笔记本电脑、海尔的 2 款空调。其中更以 CITAQ 川田 Opoz RP5080 热敏打印机与 BenQ、IBM 齐名获得电脑类产品 iF 设计金奖。

iF2007 获奖作品如下。

ASUS VX2 笔记本电脑（ASUSTek Computer Inc.）

ASUS S6 Bamboo 笔记本电脑（ASUSTek Computer Inc.）

QUECHUA Symbium3（backpack）decathlon

i70（Camera）Samsung Electronics China

Herald Urinal（waterless urinal）GIESSDORF PLUMBING INC.

Ondus（Wash basin mixer）Grohe AG

S7（Mobile Phone）BenQ（IT）Co., Ltd.

T33（Mobile phone）BenQ（IT）Co., Ltd.

i716（mobile phone）Lenovo Mobile Communication Technology Ltd.

i817（mobile phone）Lenovo Mobile Communication Technology Ltd.

s9（mobile phone）Lenovo Mobile Communication Technology Ltd.

v770（mobile phone）Lenovo Mobile Communication Technology Ltd.

X100（mobile phone）Longcheer Technology（Shanghai）Co., Ltd 等 148 款产品获奖；

iF2009 获奖作品如下。

华硕 LS246H 液晶显示器；iF2009 设计大奖 DELL R710 服务器；Acer 8930G 笔记本电脑；华硕电脑旗下的骇客（MATRIX）系列显卡产品等产品。

4.3.2 红点奖

4.3.2.1 红点奖概况

红点奖（Red Dot Award）源自德国。起初，它纯粹只是德国的奖项，可以一直追溯至 1955 年，但它逐渐成长为国际知名的创意设计大奖（见图 4-5）。现在，可以说红点奖已是与 iF 奖齐名的一个工业设计大奖，是世界上知名设计竞赛中最大最有影响的竞赛之一。每年，由设在德国的 Zentrum Nordhein Westfalen 举办的“设计创新”大赛进行颁奖。评委们对参赛产品的创新水平、功能、人体功能学、生态影响以及耐用性等指标进行评价后，最终选出获奖产品。

1955 年，欧洲最富声望的著名设计协会（Design Zentrum Nordrhein Westfalen）在德国城市埃森（Essen）设立的红点奖，50 多年来为无数企业颁发了享有盛誉的设计大奖。

图 4-5　红点奖标志

以“促进环境和人类和谐的设计”为理念的红点奖，致力于将获奖的设计概念转化为商品，为获奖创意和商业化合作搭桥牵线。该奖项涵盖了多种产品和传播设计，包括设计论坛，设计出版、设计贸易洽谈会，设计展示、设计推广和顾问服务等内容。而其竞赛项目则由产品设计、传播设计和概念设计三个部分组成。

红点奖由“red dot product design ”产品设计奖、“red dot communication design”传播设计奖及“red dot design concept ”设计概念奖三大奖组成。

红点设计概念奖将目光坚定地瞄准未来。这个竞赛着重点在于产品成型前的设计创意概念阶段，红点设计概念奖致力于成为未来设计方向和潮流的晴雨表。

红点设计概念奖分为 16 大类别，每年根据参赛质量颁发不同数量的红点奖。获得红点奖的设计绝对是高品质设计，红点奖荣誉只颁给在同类设计中出类拔萃的设计概念，要让这些获奖设计从众多设计创意和设计革新中脱颖而出。

1. 红点至尊奖

红点至尊奖是个竞争非常激烈的奖项，只有达到最佳设计质量的参赛作品才得以获奖。

2. 红点之星奖

这个奖属于红点奖的终极奖，只有一个，代表着每年参赛作品中的最杰出设计概念。每年，只有红点优秀奖的获得者才有资格角逐这项终极大奖。

4.3.2.2 红点奖评选、评审

1. 评选

红点奖评选的标准极为苛刻，评选会严格按照“通过筛选和展示认定资格”的标准进行，只有上市不到两年的产品才具备参选资格。同时，形成参选产品与同类产品的区别，对设计者提出了更高的要求。红点奖证书如图 4–6 所示。

图 4–6　红点奖证书

红点奖被公认为国际性创意和设计的认可标志，获得该奖意味着产品外观及质感获得了最具权威的“品质保证”，同时，获奖作品还将得到最大范围的推广和认知。所以，赢得红点奖成为每位设计师

引以为豪的殊荣。红点奖的发展几经演变，由最初的为商业、政治、文化和公众的设计论坛转变为设计行业的商业推广机构，并由发起人彼得·赛克教授（Peter Zec）于1992年正式定名为“红点奖”。

图 4–7　红点奖获奖产品（2009 年）

2. 评审

red dot 奖在国际范围获得承认且深具威望，与其严谨的评审标准分不开。资深的评审团坚持绝对的独立，每个评审团成员都是各自领域的权威，充分保证评审质量和公正裁决。

同时，评审们也允许汇聚在一起，评估提交的参赛作品。根据评审标准，对不同领域的参赛作品进行辩论和讨论。这样确保了知识和经验的分享，从而更客观公正地作出评审决定（见图 4–7）。

4.3.2.3　红点奖类别、利益

1. 类别

2008年红点奖设计概念奖分为16大类，每个类别都尽量涵盖广泛，类别当中或许有未提到的类别，但并不能因此局限设计创意和理解方法。红点奖提倡和鼓励参赛者大胆进行设计概念的创新，不必局限于所给出的类别范围（见图 4–8）。

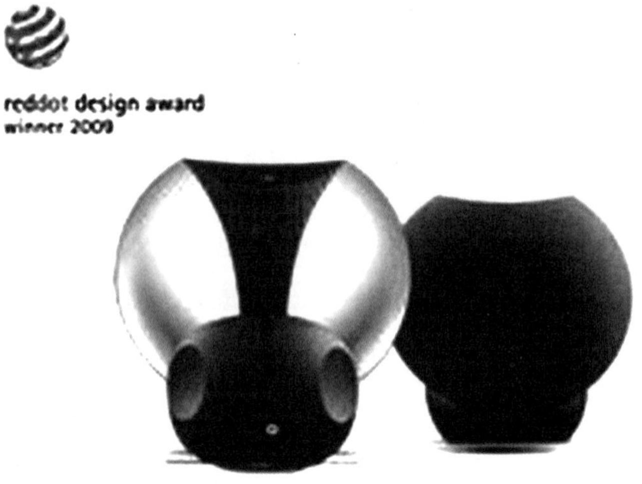

图 4–8　红点奖获奖产品

（1）浴室：水龙头、浴缸、洁具。

（2）家用电器：吸尘器、洗衣机、搅拌机、洗碗机、电饭锅、电热水器。

（3）教育器材：辅助教具、玩具、教室设计。

（4）娱乐器材：音响系统、电视机、便携式音频播放器、可携式影音播放器、数码相机、摄录机。

（5）时尚类：手表、眼镜、服装、手袋提包、鞋类、珠宝、旅行配件。

（6）家具类：浴室、起居室、卧室、厨房、办公室、储藏方式、桌椅沙发、成套家具及档案管理系统。

（7）绿化：都市承受性设计、能源节约设备、另类能源、环保、再利用。

（8）栖所：建筑设计、移动房屋、智能房屋、都市设计、灾害简易速建房屋、帐篷、低造价房屋、避弹建筑、展厅、展棚、展位设计。

（9）灯具：吊灯、台灯、户外灯、灯具系统，灯饰。

（10）互动及通信：多媒体互动展示系统、移动电话、信息设备、3G设备、远距离会议、演示和会议辅助设备、无线通信和定位系统。

（11）室内用具：餐具、花瓶、室内装潢。

（12）生命科学：促进健康装置、按摩椅、医疗器械设备、假肢、助听器材、运动及健身器材、医疗用品和设备、实验室用具设备、卫生装置、校正仪器、手术和医院设备。

（13）运输类：汽车、大众运输、船只、飞机、杂交水陆两用车、遥控机器人、汽车、汽车配件、汽车工程、巴士、施工及运输设备的生产力。

（14）生产力和工作：个人数码用具、电脑、扫描机、复印机、办公室设备。

（15）防护：个人防护装置、安全工具、安全设备、安全性磨损、火警警报器、灭火器、防盗装置、家庭保护装置。

（16）休闲：体育、棋盘游戏、电脑游戏、玩具、乐器、桑拿、日光浴、野营装备、便携式游戏设备。

2. 利益

红点奖是杰出设计质量的标志。所有获得 red dot 奖的设计概念都由国际设计专家评审团裁决评出。由 red dot 标识作代言的设计，将自然而然地吸引到媒体、产业、投资和顾客的注意（见图 4–9）。

图 4–9　红点奖获奖产品（2008 年）

获得红点奖意味着一系列的市场推广活动的滚动开始，所有活动都致力于推广和传播奖项得主的设计概念和成就。

每年，令人向往的大型颁奖典礼都在新加坡红点博物馆隆重举行，而且成为整个设计概念奖的高潮。颁奖典礼展现获奖者的成就，并展现在每个人的眼前。这个颁奖盛会每年都吸引来自设计、媒体和商业界数以百计的宾客云集，成为设计界日历上的亮点（见图 4–10）。

图 4–10　三诺数码音箱 ispeak–600（2010 年获红点奖）

4.3.2.4　红点奖竞赛细则

1. 评审评判标准

（1）革新度。产品设计概念本身是否属于创新？或是属于现存产品的新的更让人期待的延伸补充？

（2）美观性。产品设计概念的外形是否悦目？

2. 实现的可能性

现代科技是否允许设计概念的实现？如果目前科技程度达不到实现设计概念的程度，那么未来 1 ～ 3 年里是否有可能实现？

3. 功能性和用途

（1）设计概念是否符合操作、使用、安全及维护方面的所有需求？是否满足一种需求或功能？

（2）生产效率 / 生产成本。

（3）设计概念是否能以合理的成本生产出来？

（4）人体工程学和与人之间的互动。

（5）产品概念是否适用于终端使用者的人体构造及精神条件？

4. 情感内容

除了眼前的实际用途，产品概念是否能体现感官品质、情感依托或其他有趣的用法？

5. 保护知识产权

在得知参赛结果和公布结果之间，将预留足够的时间给获奖者申请保护获奖设计概念。参加 red dot 竞赛不会使参赛者的知识产权受到损害。

评审在 7 月间进行，所有获奖者将在 8 月获得通知。没有获奖的设计概念将不会向外界公布。只有获奖的设计概念才会在颁奖典礼和庆祝活动中揭晓具体设计。所以获奖者有大概 3 个月的时间来申请对获奖作品的知识产权保护。

6. 参赛资格

世界任何国家和地区的设计师、设计工作室、设计公司、研究试验单位、发明者、设计专业人士及设计学生，皆有参赛资格。

所有市场上不存在的设计发明，评审团将通过评审过程直接作出获奖决定。

7. 递交作品须知

提交给评审团的产品介绍需呈现在 A3 大小的版面上，请直接在网上登陆并上传你的作品，它们将被打印出来作为评审依据。

8. 产品说明要求

*必须用英文。

*必须有文字说明。

*可以以不同的角度影像作品。

*解释应将重心放在设计概念的创新点上。

4.3.3 IDEA 奖

4.3.3.1 IDEA 概况

美国 IDEA 奖全称是 INDUSTRIAL DESIGN EXCELLENCE AWARDS，即美国工业设计优秀奖（见图 4–11）。

图 4–11 IDEA 标志

IDEA 是由美国商业周刊（BusinessWeek）主办、美国工业设计师协会 IDSA（Industrial Designers

Society of America）担任评审的工业设计竞赛。该奖项设立于1979年，主要是颁发给已经发售的产品。虽然只有30多年的历史，却有着不亚于iF的影响力。作为美国主持的唯一一项世界性工业设计大奖，自由创新的主题在该大奖中得到了很好的突出。每年由美国工业设计师协会从特定的工业领域选出顶级的产品设计，授予工业设计奖（IDEA），并公布于当期的商业周刊杂志。

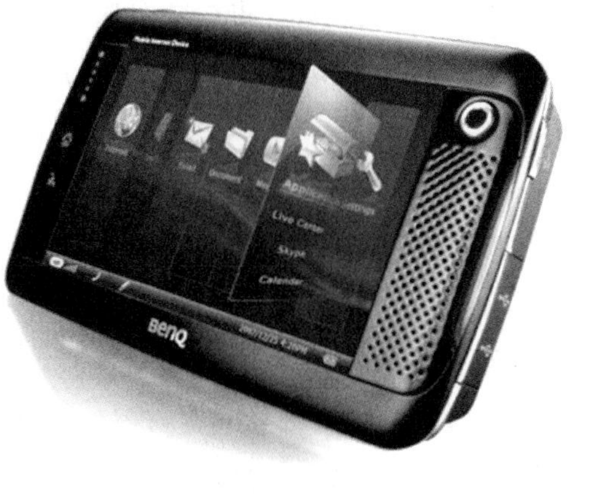

图4-12　IDEA获奖作品

IDEA自20世纪90年代以来在全世界极具影响，每年的评奖与颁奖活动不仅成为美国制造业彰显设计成果最重要的事件，而且对世界其他国家的企业也产生了强大的吸引力。IDEA的作品不仅包括工业产品，也包括包装、软件、展示设计、概念设计等，涵盖9大类、47小类，评判标准主要有：设计的创新性、对用户的价值、是否符合生态学原理、生产的环保性、适当的美观性和视觉上的吸引力。

每年都会有上万的作品参加IDEA的评选，奖项分为金奖和银奖，从这些上万件的作品中，专家们会从中挑选出100件左右的优秀作品，颁发给它们应有的荣誉（见图4-12）。

4.3.3.2　IDEA评选标准

IDEA评选的标准如下。

（1）创新性。

（2）材料工艺的运用。

（3）用户利益。

（4）客户利益。

（5）美观性和视觉上的吸引力。

（6）社会影响，除此之外，还有一条评委形成共识的标准就是“恰当”。

近些年来，根据获奖作品反映出来的评奖趋势如下。

（1）产品的多元化：高科技产品和简单产品同时存在。

（2）对造型的强调。

（3）对创意的高度重视。

（4）商业应用的前景或业绩。

（5）强调设计的主动性。

4.3.3.3　IDEA分类

IDEA大奖赛有非常齐全和明确的分类。任何类别的设计作品都可以参赛，具体包括商业和工业产品（建筑设备和系统、夹具和照明设备、重型机械、建筑和工业运输工具等），通信产品（电话和网络电话、手机、智能手机PDA手机、导航设备、耳塞耳机等），IT产品（台式电脑、膝上电脑、笔记本电脑、超便携移动个人电脑、服务器和外壳、便携设备、显示器、显示器和放映机、输入设备、外围设备、概念和设计原型），休闲娱乐产品（音响、喇叭、电视机、头戴耳机、照相机、便携摄像机、乐器、家庭影院、多媒体和游戏设备、多功能设备、移动娱乐设备、运动和减肥设备、玩具、概念和设计原型等），环境设计（办公、公共和私人空间、环境标识和视觉识别系统、博物馆、展览和舞台设计、产品展示设计和零售展示设计等），家具设计（家庭用具、家庭和装饰附件、厨房、庭院和家庭车间工具、餐具和厨具、住宅家具和照明、工作台和五金等），互动产品体验（个人、商务、通信和生产、游戏和多媒体、概念和设计原型），医疗和科学产品（临床和诊断产品、工业和科学产品、手术和治疗产品、家用和自用保健品、概念和设计原型），办公和生产（办公用品和文具、设备和工作台、办公家具和照明、概念和设计原型），包装和平面设计（包装平面设计、包装方式、概念和设计原型），个人配件（衣饰、背包、眼镜、鞋类、手袋、帽子、头盔、手表、概念和设计原型），交通工具（汽车外观和内部设计、船舶和飞行器外观和内部设计、摩托车、休闲运输工具、自行车、概念和设计原型），设计研究项目、设计战略和管理、生态设计以及学生设计（本科生和研究生作业）。丰富的参赛作品和合理、细化的分组归类评比使大赛的评选过程更加科学合理，评选结果也更加具有权威性和科学性。

第5章

Chapter5

产品开发的法律法规

5.1　国家及相关行业标准

企业、设计师及相关工作人员应该认真学习相关认证、行业标准。在实际工作中具体的产品需要何种认证及标准，要根据客户具体的产品开发要求、销售区域、经营策略等因素，在造型设计、工程设计的过程中就要根据产品涉及的相关问题，符合行业标准及相关认证。国内外主要相关行业标准及认证主要有：ISO 质量认证体系、3C 认证、CE 认证、VCCI 认证、UL 认证、E-MARK 认证、FCC 认证、CB 认证、WEEE 认证、ROHS 指令等，具体内容参见表 5-1。

表 5-1　国家及相关行业标准简介

类别名称	标　　识	说　　　　明
ISO 质量认证体系	ISO 质量认证体系标识	国际标准化组织 (International Organization for Standardization，ISO) 是一个全球性的非政府组织，是国际标准化领域中一个十分重要的组织。中国是 ISO 的正式成员，代表中国的组织为中国国家标准化管理委员会（Standardization Administration of China，SAC）。ISO 来源于希腊语“ISOS”，即“EQUAL”——平等之意。 ISO 9000 族标准由国际标准化组织 (ISO) 制定。ISO 成立于 1946 年，总部设在日内瓦，其成员国有 100 多个国家。ISO 下设 200 多个技术委员会（TC），专门从事国际标准的制定和推广工作。在英国标准 BS5750、加拿大标准 Z299 和其他一些国防及核工业标准的基础上，ISO 专门从事质量管理和质量保证的技术委员会 TC176（ISO/TC176）于 1979 年开始着手制定 ISO 9000 族标准，并于 1987 年正式发布。迄今已经过多次技术性修订换版。ISO 9000 族标准是现代质量管理和质量保证的结晶，它提供了建立质量体系的基本要求，也是企业进行质量管理的基本要求。按 ISO 9000 族标准建立的质量体系能发挥企业质量管理的实际功效，同时也为顾客和第三方认可打好基础，提供认可。ISO 9000 族标准的发展主要有以下四个阶段。 （1）1987 年 ISO 9000 系列标准共 6 项。 （2）1994 年 ISO 9000 系列标准共 16 项。 （3）从 1995 ～ 1999 年又产生 6 项标准和 2 项技术报告。 （4）2000 年版 ISO 9000 族标准主要包括以下三部分。 第一部分：核心标准 ISO 9000：2000《质量管理体系——基础和术语》 ISO 9001：2000《质量管理体系——要求》 ISO 9004：2000《质量管理体系——业绩改进指南》 ISO 190011：2001《质量和（或）环境管理体系审核指南》 第二部分：其他标准（目前只有一项） ISO 10012：2001《测量控制系统》 第三部分：技术报告 ISO/TR 10014：1998《质量经济性管理指南》 ISO/TR 10017：1999《 ISO 9001：1994 中的统计技术指南》 根据 ISO/TC 176 的计划，ISO 10005 质量计划、ISO 10006 项目管理、ISO 10007 技术状态管理、ISO 10013 质量手册和 ISO 10015 教育和培训等也将修订后以技术报告的形式发布

续表

类别名称	标　　识	说　　　　明
3C 认证	3C 认证标志	所谓 3C 认证，就是中国强制性产品认证制度，英文名称 China Compulsory Certification，英文缩写 CCC。它是各国政府为保护消费者人身安全和国家安全，加强产品质量管理、依照法律法规实施的一种产品合格评定制度。 目前的“CCC”认证标志分为四类，分别为： （1）CCC+S 安全认证标志。 （2）CCC+EMC 电磁兼容类认证标志。 （3）CCC+S&E 安全与电磁兼容认证标志。 （4）CCC+F 消防认证标志。 对强制性产品认证的法律依据、实施强制性产品认证的产品范围、强制性产品认证标志的使用、强制性产品认证的监督管理等作了统一的规定。主要内容概括起来有以下几个方面： （1）按照世贸有关协议和国际通行规则，国家依法对涉及人类健康安全、动植物生命安全和健康，以及环境保护和公共安全的产品实行统一的强制性产品认证制度。国家认证认可监督管理委员会统一负责国家强制性产品认证制度的管理和组织实施工作。 （2）国家强制性产品认证制度的主要特点是，国家公布统一的目录，确定统一适用的国家标准、技术规则和实施程序，制定统一的标志标识，规定统一的收费标准。凡列入强制性产品认证目录内的产品，必须经国家指定的认证机构认证合格，取得相关证书并加施认证标志后，方能出厂、进口、销售和在经营服务场所使用。 （3）根据我国入世承诺和体现国民待遇的原则，原来两种制度覆盖的产品有 138 种，此次公布的《第一批实施强制性产品认证的产品目录》删去了原来列入强制性认证管理的医用超声诊断和治疗设备等 16 种产品，增加了建筑用安全玻璃等 10 种产品，实际列入《第一批实施强制性产品认证的产品目录》的强制性认证产品共有 132 种。 （4）国家对强制性产品认证使用统一的标志㏄。新的国家强制性认证标志名称为“中国强制认证”，英文名称为“China Compulsory Certification”，英文缩写可简称为“3C”标志。中国强制认证标志实施以后，将取代原实行的“长城”标志和“CCIB”标志。 （5）国家统一确定强制性产品认证收费项目及标准。新的收费项目和收费标准的制定，将根据不以营利为目的和体现国民待遇的原则，综合考虑现行收费情况，并参照境外同类认证收费项目和收费标准。 （6）强制性产品认证制度于 2002 年 8 月 1 日起实施，有关认证机构正式开始受理申请。原有的产品安全认证制度和进口安全质量许可制度自 2003 年 8 月 1 日起废止
CE 认证	CE 认证的标志	“CE”标志是一种安全认证标志，被视为制造商打开并进入欧洲市场的护照。CE 代表欧洲统一（CONFORMITE EUROPEENNE）。在欧盟市场“CE”标志属强制性认证标志，不论是欧盟内部企业生产的产品，还是其他国家生产的产品，要想在欧盟市场上自由流通，就必须加贴“CE”标志，以表明产品符合欧盟《技术协调与标准化新方法》指令的基本要求。这是欧盟法律对产品提出的一种强制性要求。凡是贴有“CE”标志的产品就可在欧盟各成员国内销售，无须符合每个成员国的要求，从而实现了商品在欧盟成员国范围内的自由流通。 CE 是法语的缩写，英文意思为“European Conformity”即欧洲共同体，事实上，CE 还是欧洲共同体许多国家语种中的“欧共体”这一词组的缩写，原来用英语词组“EUROPEAN COMMUNITY”缩写为 EC，后因欧共体在法文中是“COMMUNATE EUROPEIA”，意大利文为“COMUNITA EUROPEA”，葡萄牙文为“COMUNIDADE EUROPEIA”，西班牙文为“COMUNIDADE EUROPE”等，故改 EC 为 CE。当然，也不妨把 CE 视为“CONFORMITY WITH EUROPEAN（DEMAND）”即“符合欧洲（要求）”，构成欧洲指令核心的“主要要求”。在欧共体 1985 年 5 月 7 日的（85/C136/01）号《技术协调与标准的新方法的决议》中对需要作为制定和实施指令目的的“主要要求”有特定的含义，即只限于产品不危及人类、动物和货品的安全方面的基本安全要求，而不是一般质量要求，协调指令只规定主要要求，一般指令要求是标准的任务。产品符合相关指令有关主要要求，就能加附 CE 标志，而不按有关标准对一般质量的规定裁定能否使用 CE 标志。因此准确的含义是：CE 标志是安全合格标志而非质量合格标志。目前 CE 认证适用的欧盟 27 个成员国分别是：奥地利、比利时、丹麦、芬兰、法国、德国、希腊、爱尔兰、意大利、卢森堡、荷兰、葡萄牙、西班牙、瑞典、英国、爱沙尼亚、拉脱维亚、立陶宛、波兰、捷克、斯洛伐克、匈牙利、斯洛文尼亚、马耳他、塞浦路斯、保加利亚、罗马尼亚

续表

类别名称	标　　识	说　　　　明
UL 认证	UL 认证标识	UL 是美国保险商试验所（Underwriter Laboratories Inc.）的简写。UL 安全试验所是美国最有权威的，也是世界上从事安全试验和鉴定的较大的民间机构。 它是一个独立的、非营利的、为公共安全做试验的专业机构。它采用科学的测试方法来研究确定各种材料、装置、产品、设备、建筑等对生命、财产有无危害和危害的程度；确定、编写、发行相应的标准和有助于减少及防止造成生命财产受到损失的资料，同时开展实情调研业务。UL 始建于 1894 年，初始阶段，UL 主要靠防火保险部门提供资金维持运作，直到 1916 年，UL 才完全自立。经过近百年的发展，UL 已成为具有世界知名度的认证机构，其自身具有一整套严密的组织管理体制、标准开发和产品认证程序。UL 由一个有安全专家、政府官员、消费者、教育界、公用事业、保险业及标准部门的代表组成的理事会管理，日常工作由总裁、副总裁处理。目前，UL 在美国本土有 5 个实验室，总部设在芝加哥北部的 Northbrook 镇，同时在台湾和香港分别设立了相应的实验室。在美国，对消费者来说，UL 就是安全标志的象征；在全球，UL 是制造厂商最值得信赖的合格评估提供者之一。UL 的产品认证、试验服务的种类主要可分为列名、认可和分级。具体如下。 1. 列名（Listed） 一般来讲，列名仅适用于完整的产品以及有资格人员在现场进行替换或安装的各种器件和装置，属于 UL 列名服务的各种产品包括：家用电器、医疗设备、计算机、商业设备以及在建筑物中作用的各类电器产品，如配电系统、保险丝、电线、开关和其他电气构件等。经 UL 列名的产品，通常可以在每个产品上标上 UL 的列名标志。 2. 认可（Recognized） 认可服务是 UL 服务中的一个项目，其鉴定的产品只能在 UL 列名、分级或其他认可产品上作为元器件、原材料使用。认可产品在结构上并不完整，或者在用途上有一定的限制以保证达到预期的安全性能。在大多数情况下，认可产品的跟踪服务都属于 R 类。属于 L 类的认可产品有电子线（AVLV2）、加工线材（ZKLU2）、线束（ZPFW2）、铝线（DVVR2）和金属挠性管（DXUZ2）。认可产品要求带有认可标记。 3. 分级（Classification） 分级服务仅对产品的特定危害进行评价，或对执行 UL 标准以外的其他标准（包括国际上认可的标准，如 IEC 和 ISO 标准等）的产品进行评价。一般来说大多数分级产品并非消费者使用的产品，而是工业或商业上使用的产品。UL 标志中的分级标志表明了产品在经 UL 鉴定时有一定的限制条件和规定范围。例如对工业上用的溶剂这样的化学药品，只对其达到燃点温度时可能发生的火灾这一范围进行评价。某些产品的分级服务和列名服务相同，但一般只是对产品的某一方面或若干方面进行评价，如在美国，医用 X 射线诊断仪这类设备要遵守美国法律和有关辐射发射及束流精度的规定，但因为 UL 只把 X 射线作为分级产品，所以只评价它的机械性能、电气性能和其他的非辐射性能这些方面。 4. 多重列名、多重认可或多重分级服务 当一个 UL 的申请人在取得上述的列名、认可或分级服务后，其产品要以另一公司的名义生产以满足销售的需要，可以申请多重列名、多重认可或多重分级服务。在这种情况下，得到列名、认可或分级的制造商被允许使用产品名录里的另一个公司的名字，但该产品除公司代号、产品代号或 UL 公司认为可以接受的其他特征外，必须与原来列名、认可或分级产品一致。 5. “AL”列名、认可或分级服务 若 UL 申请人不想用自己公司的名义取得列名、认可或分级服务，他可以申请用另一个商号（通常是零售商或批发商）的名义申请列名、认可或分级，即“AL”列名、认可或分级服务。其与多重列名、多重认可或多重分级服务的区别在于其申请人不是列名人。 6. 体系认证服务 作为国际认可委员会的成员之一，UL 广泛涉足 ISO 9000 质量体系认证、ISO 14000 环境保护认证、QS 9000 汽车行业质量体系认证和 AS 9000 飞机行业质量体系认证服务。在国内共有 116 家工厂取得 UL 的体系认证；其中 21 家为 ISO 9001 认证，85 家为 ISO 9002 认证，1 家为 ISO 14001 认证，9 家为 QS 9000 认证。 7.UL 的其他服务 UL 的其他服务包括如证明服务、检验服务、实情判断服务、调研服务等
E-MARK 认证	E/e Mark 认证标识	E/e Mark 认证是欧洲依照欧盟法令［EEC Directives］与欧洲经济委员会法规［ECE Regulation］的规定，对机动车整车、安全零部件及系统的认证标志，以确保行车的安全及环境保护的要求。 2002 年 10 月起，根据欧盟指令 72/245/EEC，以及修正指令 95/54/EC 的要求，凡是进入欧盟市场进行销售的汽车电子电器类产品，必须通过 E/e Mark 相关测试认证。 E 标志源于欧洲经济委员会 (Economic Commission of Europe，ECE) 颁布的法规 (Regulation)。目前 ECE 包括欧洲 28 个国家，除欧盟成员国外，还包括东欧、南欧等非欧盟国家。ECE 法规是推荐各成员适用，不是强制性标准，成员国可以套用 ECE 法规，也可以延用本国法规。目前从市场需求来看，通常 ECE 成员愿意接收符合 ECE 法规的测试报告及证书，E 标志证书涉及的产品是零部件及系统部件，没有整车认证的相应法规，获得 E 标志认证的产品是为市场所接受的。国内常见 E 标志认证产品有汽车灯泡、安全玻

续表

类别名称	标　　识	说　　　　明
E-MARK 认证	E/e Mark 认证标识	璃、轮胎、三角警示牌、车用电子产品等。E 标志认证的执行测试机构一般是 ECE 成员国的技术服务机构。E 标志证书的发证机构是 ECE 成员国的政府部门。各国的证书有相应的编号，如下：E1——德国；E2——法国；E3——意大利；E4——荷兰；E5——瑞典；E6——比利时；E7——匈牙利；E8——捷克；E9——西班牙；E10——南斯拉夫；E11——英国；E12——奥地利；E13——卢森堡；E14——瑞士；E16——挪威；E17——芬兰；E18——丹麦；E19——罗马尼亚；E20——波兰；E21——葡萄牙；E22——俄罗斯；E23——希腊；E25——克罗地亚；E26——斯洛文尼亚；E27——斯洛伐克；E28——白俄罗斯；E29——爱沙尼亚；E31——波黑；E37——土耳其
FCC 认证	FCC 认证标志	FCC 认证即是由 FCC（Federal Communications Commission，美国联邦通信委员会）于 1934 年由 COMMUNICATIONACT 建立的美国政府的一个独立机构，直接对国会负责。FCC 通过控制无线电广播、电视、电信、卫星和电缆来协调国内和国际的通信。涉及美国 50 多个州、哥伦比亚以及美国所属地区，为确保与生命财产有关的无线电和电线通信产品的安全性，FCC 的工程技术部（Office of Engineering and Technology）负责委员会的技术支持，同时负责设备认可方面的事务。许多无线电应用产品、通信产品和数字产品要进入美国市场，都要求 FCC 的认可。FCC 委员会调查和研究产品安全性的各个阶段以找出解决问题的最好方法，同时 FCC 也包括无线电装置、航空器的检测等
CB 认证	CB 认证标志	CB 体系的正式名称是“Scheme of the IECEE for Mutual Recognition of Test Certificates for Electrical Equipment”即“IECEE 电工产品测试证书互认体系”。CB 体系的缩写名称意思是“Certification Bodies' Scheme”（认证机构体系）。CB 体系（电工产品合格测试与认证的 IEC 体系）是 IECEE（The IEC System for Conformity Testing and Certification of Electrical Equipment 国际电工委员会电工产品合格测试与认证组织的简称）运作的一个国际体系，IECEE 各成员国认证机构以 IEC 标准为基础对电工产品的安全性能进行测试，其测试结果即 CB 测试报告和 CB 测试证书在 IECEE 各成员国得到相互认可的体系。目的是为了减少由于必须满足不同国家认证或批准准则而产生的国际贸易壁垒。 最初，CB 体系是由 CEE（前欧洲“电气设备合格测试国家委员会”）发起的，并于 1985 年并入 IEC。IECEE CB 体系是电工产品安全测试报告互认的第一个真正的国际体系。各个国家的国家认证机构（NCB）之间形成多边协议，制造商可以凭借一个 NCB 颁发的 CB 测试证书获得 CB 体系的其他成员国的国家认证。CB 体系基于国际 IEC 标准。如果一些成员国的国家标准还不能完全与 IEC 标准一致，也允许国家差异的存在，但应向其他成员公布。CB 体系利用 CB 测试证书来证实产品样品已经成功地通过了适当的测试，并符合相关的 IEC 要求和有关成员国的要求。CB 体系的主要目标是促进国际贸易，其手段是通过推动国家标准与国际标准的统一协调以及产品认证机构的合作，而使制造商更接近于理想的“一次测试，多处适用”的目标。 目前 CB 体系的成员国（共 43 个）有：阿根廷、奥地利、澳大利亚、白俄罗斯、比利时、巴西、加拿大、中国、捷克、德国、丹麦、西班牙、芬兰、法国、英国、希腊、匈牙利、印度、爱尔兰、以色列、意大利、日本、韩国、墨西哥、荷兰、新西兰、挪威、波兰、葡萄牙、俄罗斯、罗马尼亚、新加坡、斯洛伐克、斯洛文尼亚、南非、土耳其、乌克兰、美国、南斯拉夫、瑞士、马来西亚、瑞典、泰国
WEEE 认证	WEEE 指令标志	WEEE 即 Waste Electrical and Electronic Equipment，是欧盟《关于报废电子电器指令》的简称。WEEE 指令适用于以下电子电气产品：大型家用器具、小型家用器具、信息技术和远程通信设备、用户设备、照明设备、电气和电子工具（大型静态工业工具除外）、玩具、休闲和运动设备、医用设备（所有被植入和被感染产品除外）、监测和控制器械、自动售货机
ROHS 指令	ROHS 指令标识	ROHS 指令，全称是 The Restriction of the use of certain Hazardous substances in Electrical and Electronic Equipment，即在电子电气设备中限制使用某些有害物质指令，也称 2002/95/EC 指令，该指令由欧盟议会和欧盟理事会于 2003 年 1 月通过。2005 年欧盟又以 2005/618/EC 决议的形式对 2002/95/EC 进行了补充，明确规定了 6 种有害物质的最大限量值。ROHS 指令限制使用以下 6 类有害物质。 （1）汞 (Hg)。使用该物质的例子：温控器、传感器、开关和继电器、灯泡。 （2）铅 (Pb)。使用该物质的例子：焊料、玻璃、PVC 稳定剂。 （3）镉 (Cd)。使用该物质的例子：开关、弹簧、连接器、外壳和 PCB、触头、电池。 （4）六价铬 (Cr-VI)。使用该物质的例子：金属防腐蚀涂层。 （5）多溴联苯（PBB）。使用该物质的例子：阻燃剂、PCB、连接器、塑料外壳。 （6）多溴二苯醚（PBDE）。使用该物质的例子：阻燃剂、PCB、连接器、塑料外壳。 ROHS 指令涉及的产品范围相当广泛，几乎涵盖了所有电子、电器、医疗、通信、玩具、安防信息等产品，它不仅包括整机产品，而且包括生产整机所使用的零部件、原材料及包装件，关系到整个生产链

5.2 专利和知识产权

5.2.1 工业设计知识产权保护状况

“设计创造财富”已经成为许多人的共识。在我国，工业设计是一个年轻的行业。这样一个年轻的行业要发展壮大，不仅需要市场需求、政府政策的支持、人力资源，更需要一个健康的社会环境。构建健康行业环境的一个重要内容就是对设计师设计成果的充分尊重和对设计成果所有人权利的有效保护。一方面，工业设计需要知识产权保护制度为其保驾护航；另一方面，工业设计领域的竞争也是工业设计知识产权的竞争。但是，工业设计知识产权保护有着与发明专利、商业秘密等不同的特点。

5.2.1.1 世界范围内工业品外观设计保护状况

世界上绝大多数国家都保护工业品外观设计，但保护的客体、范围、方式各国各有差异。各国有保护外观设计的国内法，还有地区性的法律和组织以及国际性的合作协议。

（1）《保护工业产权巴黎公约》。

《保护工业产权巴黎公约》简称《巴黎公约》，是迄今为止国际上最主要的工业产权国际公约。工业品外观设计作为一种工业产权，在公约成员国都可以受到保护。《专利合作条约》、《商标国际注册马德里协定》（简称《马德里协定》）和《工业品外观设计国际注册海牙协定》（简称《海牙协定》）是由世界知识产权组织管理的工业产权领域国际合作的三大协定。它们各自有不同的适用范围，《专利合作条约》适用于专利的国际申请，《马德里协定》适用于商标的国际注册，《海牙协定》适用于工业品外观设计的国际注册。

（2）《海牙协定》是一种国际注册体系，在这个体系下，申请人通过向设在日内瓦的世界知识产权组织（WIPO）的国际局提交一份国际申请，就可能在缔约方获得外观设计保护。但具体获得保护应该具备什么条件、保护范围有多宽，则以缔约方的国内法为准。参加该协定的国家必须是《巴黎公约》成员国，目前共有 42 个成员国，其中多数是欧洲国家。美国、日本等都对《海牙协定》表现出极大的兴趣。世界知识产权组织热情邀请中国加入。

（3）在美国，可以保护产品的外观设计的法律有 3 种，一是版权法，二是专利法，三是商标法。3 种法律从不同的侧重点对产品外观设计加以保护，保护的前提条件也有所不同。主要依据专利法保护外观设计，专利法保护实用物品的装饰性设计。美国外观设计专利保护的期限是自申请日起 14 年。

（4）日本有独立的外观设计法，保护的对象是物品或物品的一部分的形状、图案或色彩或这些因素的结合。保护期限是自授权（登记）之日起 15 年。日本正在对外观设计法进行修改，修改后的保护期将延长为授权之日起 20 年。日本外观设计法服务于申请人的倾向比较明显，延长保护期限、设立关联外观设计制度和保密外观设计制度等都是在充分考虑申请人的利益的基础上作出的。

（5）欧洲各国不仅有自己的国内法保护外观设计，欧盟还实施了《共同体外观设计法》。该法建立了一种统一的共同体外观设计注册法律制度，可在欧盟所有成员国内实施，各成员国的注册要求不存在例外。最长可以有 25 年的保护期。《共同体外观设计法》适用在整个欧盟范围内的权利用尽原则。中国的企业若有意发展欧洲市场，可以向内部市场协调局申请外观设计。

（6）韩国对外观设计的保护期为授权之日起 15 年。韩国对特定物品（如衣物、印刷品、包装容器）的外观设计实行无审查登记制，能够快速获得授权。

5.2.1.2 中国外观设计专利保护体系

1. 中国保护外观设计的法律体系

中国保护知识产权的法律主要有著作权法、商标法和专利法。对于工业品外观设计，上述 3 种法律都有与之相关的内容，著作权法和商标法对工业品外观设计提供的保护是非常有限的，能够对工业品外观设计提供有效保护的是《中华人民共和国专利法》(以下简称《专利法》)。

自 1985 年《专利法》实施之日起，工业品外观设计就与发明、实用新型一起在专利法的框架下得到保护。在用《专利法》保护外观设计的国家，工业品外观设计知识产权被称为"外观设计专利"。中国专利法保护的外观设计指的是对产品的形状、图案或者其结合以及色彩与形状、图案的结合所作出的富有美感并适于工业应用的新设计。

中国正在贯彻落实科学发展观，转变经济发展方式之际，为了提高自主创新的能力，加强知识产权保护，中国第三次专利法修改的重点在于增强自主创新能力、建设创新型国家。中国前两次的专利法修改注重在履行国际承诺和与国际规则接轨方面，借引国际上成熟的实务经验，专利法的修改是以中国 20 多年的专利工作实务经验与专利法制建设为基础，根据自身的发展需要，从解决中国经济社会发展面临的实际问题出发，因此，此次的修改不仅要求全面地保护中国国内、外专利权人的利益，也要能兼顾公众利益的平衡。自 1985 年颁布实施第一部《专利法》之后，《专利法》于 1992 年、2000 年已经经历了两次全面的修订。2005 年 4 月中国启动了《专利法》的第三次修改工作。2008 年 12 月 27 日，《中华人民共和国专利法》的第三次修改在全国人大常委会获得通过，修改后的专利法已于 2009 年 10 月 1 日起施行。2010 年 1 月 9 日，中国国务院批准第二次修订《中华人民共和国专利法实施细则》，自 2010 年 2 月 1 日起施行。

2. 中国外观设计专利审查与保护

中国外观设计专利的审查制度是初步审查制，包括申请文件的形式审查和明显实质性缺陷的审查。

中国外观设计专利的保护期是自申请日起的 10 年，满足 TRIPS 协议（《与贸易有关的知识产权(包括假冒商品贸易)协议(草案)》）规定的最低要求。外观设计专利权被授予后，任何单位或个人未经专利权人许可，不得为生产经营目的制造、销售、进口其外观设计专利产品。

中国的专利保护实行司法保护与行政执法相结合的手段。知识产权保护越来越重要，行政与司法对知识产权保护的执法力度都在不断加大。司法部门开展了保护知识产权的专项行动，正在修改的专利法有加大专利执法力度的倾向。

3. 中国外观设计专利申请

中国的外观设计专利申请案正以惊人的速度成长，20 多年间，申请量从 1985 年的 640 件迅速攀升至 2007 年的 267668 件，2008 年甚至已达到 312904 件，据《专利统计简报》，2009 年我国专利授权数量超过 58 万件，使得中国外观设计专利申请量已高居于世界第一。《人民日报》2010 年 3 月 16 日报道称，世界知识产权组织（WIPO）公布的 2009 年国际专利申请数据显示，中国专利申请量同比增长 30%左右，排在世界第五位，仅次于美国、日本、德国、韩国，增速居世界各主要国家之首。这在一定程度上表明中国工业设计水平的提高和公众知识产权保护意识的增强。同时，国外申请的同步增长也表明中国市场对国外企业的吸引力。

此外，国家知识产权局网站公布的数据显示，在发明专利、实用新型专利和外观设计专利这三种专利申请中，含金量最高的“发明专利”申请比例，在2009年达到了26.1%，比2004年提高2.5个百分点，比1999年提高11.9个百分点。而发明专利申请量，是我国能否成为创新型国家的重要基础。

5.2.2 知识产权

5.2.2.1 知识产权的概念

知识产权，概括的说是指公民、法人或者其他组织对其在科学技术和文学艺术等领域内，主要基于脑力劳动创造完成的智力成果所依法享有的专有权利。

广义概念上的知识产权包括下列客体的权利：文学艺术和科学作品，表演艺术家的表演以及唱片和广播节目，人类一切领域的发明、科学发现、工业品外观设计、商标、服务标记以及商品名称和标志，制止不正当竞争，以及在工业、科学、文学和艺术领域内由于智力活动而产生成果的一切权利。

狭义概念上的知识产权只包括版权、专利权、商标权、名称标记权、制止不正当竞争，而不包括科学发现权、发明权和其他科技成果权。

5.2.2.2 知识产权的特征

知识产权的特征概括起来有以下几个方面：

（1）无形财产权。

（2）确认或授予必须经过国家专门立法直接规定。

（3）双重性：既有某种人身权（如签名权）的性质，又包含财产权的内容。但商标权是一个例外，它只保护财产权，不保护人身权。

（4）专有性：知识产权为权利主体所专有。权利人以外的任何人，未经权利人的同意或者法律的特别规定，都不能享有或者使用这种权利。

（5）地域性：某一国法律所确认和保护的知识产权，只在该国领域内发生法律效力。

（6）时间性：法律对知识产权的保护规定一定的保护期限，知识产权在法定期限内有效。

5.2.2.3 知识产权的分类

从权利的内容上看，知识产权包括人身权利和财产权利。知识产权中的人身权是与智力活动成果创造人的人身不可分离的专属权，比如：署名权、发表权、修改权等；知识产权中的财产权则是指享有知识产权的人基于这种智力活动成果而享有的获得报酬或其他物质利益的权利。按照智力活动成果的不同，知识产权可以分为著作权、商标权、专利权、发明权、发现权等。对于上述知识产权，《中华人民共和国民法通则》第五章第三节作了明确规定。

5.2.3 专利

5.2.3.1 专利分类

专利一般分为发明专利、实用新型专利和外观设计专利三种。申请专利的发明或设计除了不得违反公共利益和道德风尚以外，一般都要求具有新颖性、先进性、实用性3个条件。专利权中的财产权利，可以依法转让给他人。

（1）发明专利：是指对产品、方法或者其改进所提出的新的技术方案（既保护产品也保护方法，保护期限 20 年）。

（2）实用新型专利：是指对产品的形状、构造或者其结合所提出的适于实用的新的技术方案（仅保护产品的结构设计方案，保护期限 10 年）。

（3）外观设计专利：是指对产品的形状、图案或者其结合，以及色彩与形状、图案的结合所作出的富有美感并适于工业应用的新设计（仅保护产品的外形及表面图案、色彩的设计方案，保护期限 10 年）。

5.2.3.2 授予专利权的条件

授予专利权的发明和实用新型，应当具备新颖性、创造性、实用性，且申请文件的撰写及手续的办理必须符合法律要求的形式，才能够获得专利权。

（1）新颖性：是指在申请日以前没有同样的发明或者实用新型在国内外出版物上公开发表过，在国内公开使用过或者以其他方式为公众所知，也没有同样的发明或者实用新型由他人向专利局提出过申请并且记载在申请日以后公布的专利申请文件中。

（2）创造性：是指同申请日以前已有的技术相比，该发明有突出的实质性特点和显著的进步，该实用新型有实质性特点和进步。

（3）实用性：是指该发明或者实用新型能够制造或者使用，并且能够产生积极效果。

授予专利权的外观设计，应当与申请日以前在国内外出版物上公开发表过或者国内公开使用过的外观设计不相同或者不相近似。

5.2.3.3 专利申报

依据专利法，发明专利申请的审批程序包括受理、初审、公布、实审以及授权五个阶段。实用新型或者外观设计专利申请在审批中不进行早期公布和实质审查，只有受理、初审和授权三个阶段。

发明、实用新型和外观设计专利的申请、审查流程如图 5-1 所示。

1. 拟定策略和计划

根据不同的需求申请的专利种类也不同。

（1）设计产品的形状、图案或者其结合以及色彩与形状、图案的结合，富于美感并适用于工业上应用的新设计，皆可以申请外观设计专利。申请外观设计专利难度较低。

（2）涉及产品构造、形状或其结合时，有一些技术改进，就可以申请实用新型专利。申请实用新型专利难度适中。

（3）新产品及其制造方法、使用方法都可以申请发明专利。发明专利技术含量最高，发明人所花费的创造性劳动最多。申请发明专利难度最高。

2. 研究先前专利

科研立项和申请专利之前，申请人应先查询相关专利检索，以免重复研制侵犯他人专利权，事先检索可以判断该项技术成果是否有可能获得专利权。申请人可以去国家知识产权局文献馆手工检索专利，也可以通过电脑上网检索或用专利光盘检索。目前国家知识产权局网站提供的检索连接库有：①美国专利商标局网上专利检索；②日本特许厅网上专利检索（英文版）；③欧洲专利局网上专利检索；④世界知识产权组织网上专利检索。

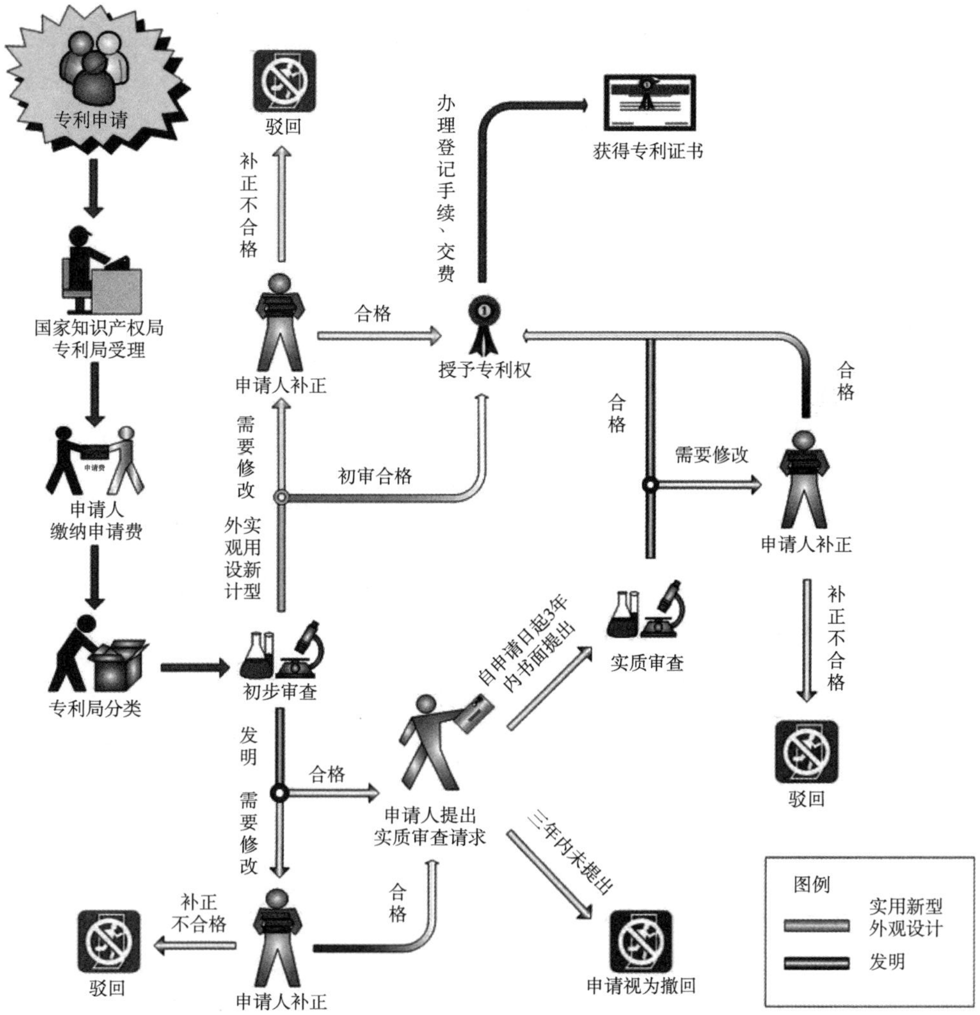

图 5-1　发明、实用新型和外观设计专利的申请、审查流程图

（图片来源：中华人民共和国国家知识产权局网站 http：//www.sipo.gov.cn）

3. 撰写权利要求

权利要求书是申请专利的重要的法律文书，当事人申请发明或者实用新型专利必须提交权利要求书，一式两份。权利要求书应当说明发明或者实用新型的技术特征，清楚、简要地表述请求保护的范围。填写权利要求书应当注意的问题有：

（1）主张权利的范围必须明确，有几项权利要求，应当用阿拉伯数字顺序编号。权利要求书中使用的科学技术术语应当与说明书使用的一致，可以有化学式、数学式，但不得有插图。除绝对必要以外，不得使用"如说明书……部分所述"或者"如图……所示"等用语。

（2）权利要求书应当打字或者印刷，字迹整洁清楚，黑色，符合制版要求，不得涂改。字高为 0.3 ~ 0.4cm，行距为 0.3 ~ 0.4cm。四周须留有空白，左侧和顶部各留 2.5cm，右侧和底部各留 1.5cm。

（3）权利要求书首页如写不下，可用白纸续写。续页必须与首页大小、质量相一致，横向书写，只限使用正面，反面不得使用，四周应留有空白。邮寄不得折叠。

4. 撰写发明描述

发明专利说明书撰写示范见表 5-2。

表 5-2　发明专利说明书撰写示范

段落标题	撰写的基本要求（示范、举例）	附 加 说 明
发明名称	不超过 15 个汉字。 例如产品专利：一种伪狂犬病基因缺失疫苗。 例如方法专利：一种分离和克隆水稻抗衰老基因的方法	发明的名称要简洁，不得有商业广告或诋毁他人的用语，也不得用形容词修饰发明的名称
技术领域	（1）例如：本发明属于动物疫苗制造技术领域，具体涉及伪狂犬病基因重组、新的核苷酸序列、毒株构建、疫苗及其制备方法。 （2）例如：本发明属于水稻育种技术领域，具体地说属于一种从植物体中分离和克隆抗衰老基因，培育一种水稻新品种的方法。如不清楚可留给代理人来写	具体产品的具体工艺与方法、正确的技术领域表述是专利分类的需要
背景技术	俗话说，不怕不识货，就怕货比货，发明的背景描述在专利说明书中相当重要，背景即为本发明树立起一个参照物。要注意所对比的技术（或产品）应是同类、密切相关的技术（或产品），如果对比的技术是一份专利文献或发表的文章或著作，说明书应分别给出其专利号或专利申请号：论文或著作要给出作者、刊物的卷、期、号，发表年份；出版社和出版年份，同时要客观地指出已有技术的不足，正是本发明所要解决的技术难题，从而引出本发明的任务，这是专利审查员检索本发明新颖性的比较对象，一定要描述清楚，不要泛泛而谈。与写报告或论文明显不同	（1）同类。 （2）相关。 （3）具体比较。 （4）指出问题（不足）。 （5）引出本发明的任务
发明内容	发明内容主要包括三个部分：发明目的、解决本发明的具体技术方案和本发明的有益效果。 （1）发明目的表述：本发明要解决什么问题？为了什么目的？能达到什么效果？如何克服前人存在的技术和效果的缺陷？ （2）本发明的详细描述（发明技术方案的组成、构成）：这是说明书的核心。如果发明涉及一项产品，则要指出该产品的结构、构造及其相互之间的关系，它们之间的配合，包括动、静配合以及它们是如何被制造出来的；如果发明涉及一项方法，则要指出实现该方法的具体实施步骤、工艺流程、反应条件和基本配方和用途等。 基因工程专利要重点说明所克隆的基因（DNA）的具体结构，该基因的调控功能以及支持该功能的生物学试验数据或实施例子（应当有充分的证据）。 （3）有益的效果：本发明是否具有非显而易见性，是否产生了意想不到的效果，发明是否克服了本领域的技术偏见，等。可结合试验给出一些必要的关键数据和图表，分析其优点，这是判断发明专利创造性的必要描述，也是对发明目的（或任务）的呼应	（1）如何解决已有技术的不足？ （2）这是新专利申请的核心，要充分公开发明的核心内容。本领域的技术人员能够实施（公开度由发明者和专利代理人会商、掌握，尽量在专利保护范围和公开核心秘密方面寻求平衡）。 （3）与已经公开的技术在效果、经济、技术指标等方面进行比较，回应本发明的目的。 （4）应当增加必要试验数据或图表来具体说明本发明的有益效果
附图说明	有些专利申请往往需要通过一幅或几幅附图来简明地描述本发明，如机械产品或工艺流程、化学中的合成或制备步骤等的发明。附图按（1、2、3）顺序编号，图中不得出现文字，图号用阿拉伯数字编号，如图 1、图 2 等。零部件编号，同一个零部件只编一个号，不能重号。此外，要结合附图对本发明作进一步的描述。有些发明专利可以没有附图（如方法专利）	附图有助于对专利保护范围和发明创新点的说明
具体实施方式	实施例（举例说明实施本发明的最好的几个例子）： 如是产品发明，要给出一项产品的具体设计及结构；如是一项方法或工艺或配方的发明，要给出实现该方法或工艺或配方的上、中、下三点（实施例）实施的最好例子，特别是化学领域的发明尤其要注意，没有实施例无法判定该发明的实用性	基本要求是一项发明至少应当给出一种具体实施的事例（本发明如何具体做出来）；涉及到一项产品的具体设计、构造、配方、工艺流程和步骤 A、B、C、D 等；压力、温度、时间或反应的条件等。不同的发明有不同的要求

5. 进行申请

（1）申请文件准备。

1）申请发明专利的，申请文件应当包括：发明专利请求书、摘要、摘要附图（适用时）、说明书、权利要求书、说明书附图（适用时），各一式两份。

2）申请实用新型专利的，申请文件应当包括：实用新型专利请求书、摘要、摘要附图（适用时）、说明书、权利要求书、说明书附图，各一式两份。

3）申请外观设计专利的，申请文件应当包括：外观设计专利请求书、图片或者照片（要求保护色彩的，应当提交彩色图片或者照片）以及对该外观设计的简要说明，各一式两份。提交图片的，两份均应为图片；提交照片的，两份均应为照片，不得将图片或照片混用。

相关申请表格可以在中华人民共和国国家知识产权局网站 http：//www.sipo.gov.cn/sipo2008/bgxz/ 下载。

（2）受理专利申请的部门。

申请人申请专利时，可以将申请文件面交到国家知识产权局专利局的受理窗口或寄交“国家知识产权局专利局受理处”收（以下简称专利局受理处），也可以面交到设在地方的国家知识产权局专利局代办处（以下简称专利局代办处）的受理窗口或寄交“专利局 ××× 代办处”收。目前在北京、沈阳、济南、长沙、成都、南京、上海、广州、西安、武汉、郑州、天津、石家庄、哈尔滨、长春、昆明、贵阳、杭州、重庆、深圳、福州、南宁、乌鲁木齐、南昌、银川、合肥设立国家知识产权局专利局代办处。国防专利分局专门受理国防专利申请。

6. 对结果和过程进行反思

（1）办理专利申请的要求。

办理专利申请应当提交必要的申请文件，并按规定缴纳费用。专利申请必须采用纸件形式或者电子申请的形式办理。不能用口头说明或者提供样品或模型的方法，来代替纸件或电子申请文件。

各种手续文件都应当按规定签章，签章应当与请求书中填写的姓名或者名称完全一致。签章不得复印。涉及权利转移的手续，应当由全体申请人签章，其他手续可以由申请人的代表人签章办理；委托专利代理机构的，应当由专利代理机构签章办理。

办理手续要附具证明文件或者附件的，证明文件与附件应当使用原件或者副本，不得使用复印件。如原件只有一份的，可以使用复印件，但同时需要附有公证机关出具的复印件与原件一致的证明。

（2）排列提交申请文件。

发明或者实用新型专利申请文件应按下列顺序排列：请求书、说明书摘要、摘要附图、权利要求书、说明书、说明书附图。外观设计专利申请文件应按照请求书、图片或照片、简要说明顺序排列。申请文件各部分都应当分别用阿拉伯数字顺序编号。

（3）申请文件的纸张要求。

申请文件的纸张质量应相当于复印机用纸的质量。纸面不得有无用的文字、记号、框、线等。各种文件一律采用 A4 尺寸（210mm×297mm）的纸张。

申请文件的纸张应当纵向使用。文字应当自左向右排列，纸张左边和上边应各留 25mm 空白，右边和下边应当各留 15mm 空白，以便于出版和审查时使用。申请文件各部分的第一页必须使用国家知识产权局统一制定的表格。这些表格可以在专利局受理大厅的咨询处索要，也可以向各地的专利局代办处索取或直接从国家知识产权局网站下载。

（4）申请文件的文字和书写要求。

申请文件各部分一律使用汉字。外国人名、地名和科技术语如没有统一中文译文，应当在中文译文后的括号内注明原文。申请人提供的附件或证明是外文的，应当附有中文译文，申请文件（包括请求书在内）都应当用宋体、仿宋体或楷体打字或印刷，字迹呈黑色，字高应当为 3.5 ~ 4.5mm，行距应当为 2.5 ~ 3.5mm。要求提交一式两份文件的，其中一份为原件，另一份应采用复印件，并保证两份文件内容一致。申请文件中有图的，应当用墨水和绘图工具绘制，或者用绘图软件绘制，线条应当均匀清晰，不得涂改。不得使用工程蓝图。

（5）专利申请内容的单一性要求。

一件发明或者实用型新专利申请应当限于一项发明或者实用新型。属于一个总的发明构思的两项以上的发明或者实用新型，可以作为一件申请提出。一件外观设计专利申请应当限于一项外观设计。同一产品两项以上的相似外观设计，或者用于同一类别并且成套出售或者使用的产品的两项以上的外观设计，可以作为一件申请提出。

（6）申请文件的填写和撰写。

申请文件的填写和撰写有特定的要求，申请人可以自行填写或撰写，也可以委托专利代理机构代为办理。

（7）专利申请的受理。

专利局受理处或各专利局代办处收到专利申请后，对符合受理条件的申请，将确定申请日，给予申请号，发出受理通知书。对申请人面交专利局受理处或各专利局代办处的申请文件，如果数量在10件以下的，当时进行申请是否符合受理条件的审查，符合受理条件的当场作出受理通知书。

（8）受理通知书。

向专利局受理处寄交申请文件的，一般在一个月左右可以收到国家知识产权局专利局（以下简称专利局）的受理通知书，不符合受理条件的，将收到不受理通知书以及退还的申请文件复印件。超过一个月尚未收到专利局通知的，申请人应当及时向专利局受理处查询，以及时发现申请文件或通知书在邮寄中可能的丢失情况。

（9）提交申请文件注意事项。

向专利局申请专利或办理其他手续的，可以将申请文件或其他文件面交到或寄交到专利局受理处，也可以将申请文件面交到或寄交到任何一个专利局代办处。在提交文件时应注意下列事项：

1）向专利局提交申请文件或办理各种手续的文件，应当使用国家知识产权局统一制定的表格。表格可以从网上下载，网址是www.sipo.gov.cn，也可以到国家知识产权局受理大厅索取或以信函方式索取（信函寄至：国家知识产权局专利局初审及流程管理部发文处）。

2）一张表格只能用于一件专利申请。

3）向专利局提交的各种文件申请人都应当留存底稿，以保证申请审批过程中文件填写的一致性，并可以此作为答复审查意见时的参照。

4）申请文件是邮寄的，应当用挂号信函。无法用挂号信邮寄的，可以用特快专递邮寄，不得用包裹邮寄申请文件。挂号信函上除写明专利局或者专利局代办处的详细地址（包括邮政编码）外，还应当标有“申请文件”及“国家知识产权局专利局受理处收”或“国家知识产权局专利局 ×× 代办处收”的字样。申请文件通过快递公司递交的，以专利局受理处以及各专利局代办处实际收到日为申请日。一封挂号信内应当只装同一件申请的文件。邮寄后，申请人应当妥善保管好挂号收据存根。

5）专利局在受理专利申请时不接收样品、样本或模型。在审查程序中，申请人应审查员要求提交样品或模型时，若在专利局受理窗口当面提交的，应当出示审查意见通知书；邮寄的应当在邮件上写明“应审查员 ×××（姓名）要求提交模型”的字样。

6）申请人或专利权人的地址有变动，应及时向专利局提出著录项目变更；申请人与专利事务所解除代理关系，应向专利局办理变更手续。

7）同一申请人同日对同样的发明创造既申请实用新型专利又申请发明专利的，应当在申请时分别说明。未作说明的，不适用《专利法》第九条第一款关于同一申请人同日对同样的发明创造既申请实用新型专利又申请发明专利的规定，即会造成其发明专利不能授权。

8）任何单位或者个人在中国完成的发明或者实用新型，准备直接向外国申请专利的，应当事先向国家知识产权局专利局提出保密审查请求，并详细说明其技术方案；如果首先向国家知识产权局专利局申请专利，而准备随后向外国申请专利或者向有关国外机构提交专利国际申请的，应当在向外国申请专利或者向有关国外机构提交专利国际申请前提出保密审查请求，也可以在国家知识产权局专利局申请专利的同时提出保密审查请求。向国家知识产权局提交专利国际申请的，视为同时提出了保密审查请求。

国内各种发明专利费用标准见表 5–3 ~ 表 5–5。

表 5–3 发明专利费用标准

单位：元

费用种类		简称	发明专利	减缓比例			
				85%	70%	80%	60%
申请费		申	900	135	270		
文件印刷费		文	50	不予减缓			
说明书附加费	从第 31 页起每页	说附	50	不予减缓			
	从第 301 页起每页		100				
权利要求附加费从第 11 项起每项		权附	150	不予减缓			
优先权要求费每项		优	80	不予减缓			
审查费		审	2500	375	750		
维持费		维	300			60	120
复审费		复	1000			200	400
著录事项变更手续费	发明人、申请人、专利权人变更	变	200	不予减缓			
	专利代理机构、代理人委托关系变更		50				
恢复权利请求费		恢	1000	不予减缓			
无效宣告请求费		无	3000	不予减缓			
强制许可请求费		强求	300	不予减缓			
强制许可使用裁决请求费		强裁	300	不予减缓			
延长费	第一次延长期请求费每月	延	300	不予减缓			
	再次延长期请求费每月		2000				
中止程序请求费		中	600	不予减缓			
登记印刷费		登	250	不予减缓			
印花费		印	5	不予减缓			
年费		年	年费标准见表 5–6				

表 5–4 实用新型及外观设计专利费用标准

单位：元

费用种类		简称	实用新型	外观设计	减缓比例			
					85%	70%	80%	60%
申请费		申	500	500	75	150		
权利要求附加费从第 11 项起每项		权附	150	150	不予减缓			
说明书附加费	从第 31 页起每页	说附	50	50	不予减缓			
	从第 301 页起每页		100	100				
优先权要求费每项		优	80	80	不予减缓			
著录事项变更手续费	发明人、申请人、专利权人变更	变	200	200	不予减缓			
	专利代理机构、代理人委托关系变更		50	50				

续表

费用种类		简称	实用新型	外观设计	减缓比例			
					85%	70%	80%	60%
复审费		复	300	300			60	120
恢复权利请求费		恢	1000	1000	不予减缓			
无效宣告请求费		无	1500	1500	不予减缓			
强制许可请求费		强求	200		不予减缓			
强制许可使用裁决请求费		强裁	300		不予减缓			
延长费	第一次延长期请求费每月	延	300	300	不予减缓			
	再次延长期请求费每月		2000	2000				
中止程序请求费		中	600	600	不予减缓			
登记印刷费		登	200	200	不予减缓			
印花费		印	5	5	不予减缓			
检索报告费		实检	2400		不予减缓			
年费		年	年费标准见表 5-7					

表 5-5 国家知识产权局专利收费标准一览表 单位：元

国内部分			
（一）申请费	全额	个人减缓	单位减缓
1. 发明专利	900	135	270
印刷费	50	不予减缓	不予减缓
2. 实用新型专利	500	75	150
3. 外观设计专利	500	75	150
（二）发明专利申请审查费	2500	375	750
（三）复审费			
1. 发明专利	1000	200	400
2. 实用新型专利	300	60	120
3. 外观设计专利	300	60	120
（四）发明专利申请维持费	300	60	120
（五）著录事项变更手续费			
1. 发明人、申请人、专利权人的变更	200	不予减缓	不予减缓
2. 专利代理机构、代理人委托关系的变更	50	不予减缓	不予减缓
（六）优先权要求费每项	80	不予减缓	不予减缓
（七）恢复权利请求费	1000	不予减缓	不予减缓
（八）无效宣告请求费			
1. 发明专利权	3000	不予减缓	不予减缓
2. 实用新型专利权	1500	不予减缓	不予减缓
3. 外观设计专利权	1500	不予减缓	不予减缓
（九）强制许可请求费			
1. 发明专利	300	不予减缓	不予减缓
2. 实用新型专利	200	不予减缓	不予减缓
（十）强制许可使用裁决请求费	300	不予减缓	不予减缓

续表

国内部分				
（十一）专利登记、印刷费、印花税				
1. 发明专利		255	不予减缓	不予减缓
2. 实用新型专利		205	不予减缓	不予减缓
3. 外观设计专利		205	不予减缓	不予减缓
（十二）附加费				
1. 第一次延长期限请求费每月		300	不予减缓	不予减缓
再次延长期限请求费每月		2000	不予减缓	不予减缓
2. 权利要求附加费从第 11 项起每项增收		150	不予减缓	不予减缓
3. 说明书附加费	从第 31 页起每页增收	50	不予减缓	不予减缓
	从第 301 页起每页增收	100	不予减缓	不予减缓
（十三）中止费		600	不予减缓	不予减缓
（十四）实用新型专利检索报告费		2400	不予减缓	不予减缓
（十五）年费				
1. 发明专利				
1 ~ 3 年		900	135	270
4 ~ 6 年		1200	180	360
7 ~ 9 年		2000	300	600
10 ~ 12 年		4000	600	1200
13 ~ 15 年		6000	900	1800
16 ~ 20 年		8000	1200	2400
2. 实用新型				
1 ~ 3 年		600	90	180
4 ~ 5 年		900	135	270
6 ~ 8 年		1200	180	360
9 ~ 10 年		2000	300	600
3. 外观设计				
1 ~ 3 年		600	90	180
4 ~ 5 年		900	135	270
6 ~ 8 年		1200	180	360
9 ~ 10 年		2000	300	360

注 1. 维持费和复审费按照 80% 及 60% 两种标准进行减缓。
2. 授权后 3 年的年费可以享受减缓。

5.2.4 专利维护及转让

5.2.4.1 专利维护

1. 法律状态检索

本检索系统提供 1985 年至今公告的中国专利法律状态信息。该法律状态信息是国家知识产权局根据专利法和实施细则的规定在出版的《发明专利公报》、《实用新型专利公报》和《外观设计专利公报》上公开和公告的法律状态信息，主要有：实质审查请求的生效、专利权的无效宣告，专利权的终止，权利的恢复，专利申请权、专利权的转移，专利实施许可合同的备案，专利权的质押、保全及其解除，著录事项变更、通知事项等。

由于专利申请（专利）的法律状态发生变化时，专利公报的公布及检索系统登录信息必然存在滞后性的原因，本检索系统的法律状态信息仅供参考，即时准确的法律状态信息应以国家知识产权局出具的专利登记簿记载的内容为准，须到国家知识产权局办理专利登记簿副本。直接使用本检索系统的法律状态信息引发的各类问题由使用者承担责任。可登陆 http：//www.search.sipo.gov.cn/sipo/zljs/searchflzt.jsp 查询。

2. 收费信息查询

专利在成功申请后需要交纳年费予以法律保护，相关信息见《发明专利年费计算参考表》（表 5-6）、《实用新型、外观设计专利年费计算参考表》（表 5-7），收费信息可登陆 http：//www.app.sipo.gov.cn：8080/sipo2008/searchfee/searchfee.jsp 查询。

表 5-6　发明专利年费计算参考表　　单位：元

对应年度		第 1 ~ 3 年	第 4 ~ 6 年	第 7 ~ 9 年	第 10 ~ 12 年	第 13 ~ 15 年	第 16 ~ 20 年
应缴年费金额	年费标准值	900	1200	2000	4000	6000	8000
	减 70% 年费标准值	270	360	600	1200	1800	2400
	减 85% 年费标准值	135	180	300	600	900	1200
5% 滞纳金	应缴纳的滞纳金数额	45	60	100	200	300	400
	年费标准值 + 滞纳金	945	1260	2100	4200	6300	8400
	减 70% 年费标准值 + 滞纳金	315	420	700	1400	2100	2800
	减 85% 年费标准值 + 滞纳金	180	240	400	800	1200	1600
10% 滞纳金	应缴纳的滞纳金数额	90	120	200	400	600	800
	年费标准值 + 滞纳金	990	1320	2200	4400	6600	8800
	减 70% 年费标准值 + 滞纳金	360	480	800	1600	2400	3200
	减 85% 年费标准值 + 滞纳金	225	300	500	1000	1500	2000
15% 滞纳金	应缴纳的滞纳金数额	135	180	300	600	900	1200
	年费标准值 + 滞纳金	1035	1380	2300	4600	6900	9200
	减 70% 年费标准值 + 滞纳金	405	540	900	1800	2700	3600
	减 85% 年费标准值 + 滞纳金	270	360	600	1200	1800	2400
20% 滞纳金	应缴纳的滞纳金数额	180	240	400	800	1200	1600
	年费标准值 + 滞纳金	1080	1440	2400	4800	7200	9600
	减 70% 年费标准值 + 滞纳金	450	600	1000	2000	3000	4000
	减 85% 年费标准值 + 滞纳金	315	420	700	1400	2100	2800
25% 滞纳金	应缴纳的滞纳金数额	225	300	500	1000	1500	2000
	年费标准值 + 滞纳金	1125	1500	2500	5000	7500	10000
	减 70% 年费标准值 + 滞纳金	495	660	1100	2200	3300	4400
	减 85% 年费标准值 + 滞纳金	360	480	800	1600	2400	3200

表 5-7　实用新型、外观设计专利年费计算参考表　　单位：元

对应年度		第 1 ~ 3 年	第 4 ~ 5 年	第 6 ~ 8 年	第 9 ~ 10 年
应缴年费金额	年费标准值	600	900	1200	2000
	减 70% 年费标准值	180	270	360	600
	减 85% 年费标准值	90	135	180	300
5%滞纳金	应缴纳的滞纳金数额	30	45	60	100
	年费标准值 + 滞纳金	630	945	1260	2100
	减 70% 年费标准值 + 滞纳金	210	315	420	700
	减 85% 年费标准值 + 滞纳金	120	180	240	400
10%滞纳金	应缴纳的滞纳金数额	60	90	120	200
	年费标准值 + 滞纳金	660	990	1320	2200
	减 70% 年费标准值 + 滞纳金	240	360	480	800
	减 85% 年费标准值 + 滞纳金	150	225	300	500
15%滞纳金	应缴纳的滞纳金数额	90	135	180	300
	年费标准值 + 滞纳金	690	1035	1380	2300
	减 70% 年费标准值 + 滞纳金	270	405	540	900
	减 85% 年费标准值 + 滞纳金	180	270	360	600
20%滞纳金	应缴纳的滞纳金数额	120	180	240	400
	年费标准值 + 滞纳金	720	1080	1440	2400
	减 70% 年费标准值 + 滞纳金	300	450	600	1000
	减 85% 年费标准值 + 滞纳金	210	315	420	700
25%滞纳金	应缴纳的滞纳金数额	150	225	300	500
	年费标准值 + 滞纳金	750	1125	1500	2500
	减 70% 年费标准值 + 滞纳金	330	495	660	1100
	减 85% 年费标准值 + 滞纳金	240	360	480	800

注　以上表中数值按现行标准计算，如费用标准调整，以新标准为准（2008 年修订）。

5.2.4.2　专利转让

专利转让是指专利权人作为转让方，将其发明创造专利的所有权或将持有权移转受让方，受让方支付约定价款所订立的合同。通过专利权转让合同取得专利权的当事人，即成为新的合法专利权人，同样也可以与他人订立专利转让合同、专利实施许可合同。

专利转让权一经生效，受让人取得专利权人地位，转让人丧失专利权人地位，专利权转让合同不影响转让方在合同成立前与他人订立专利实施许可合同的效力。除合同另有约定的以外，原专利实施许可合同所约定的权利义务由专利权受让方承担。另外，订立专利权转让合同前，转让方已实施专利

的，除合同另有约定以外，合同成立后，转让方应当停止实施。

1. 专利转让注意事项

（1）避免盲目扩大专利价值。对于专利权的转让标底，应以能够成交为原则，否则很可能合作失败。

（2）避免求快。专利转让是一个法律程序，建议最好委托相关业内人士（例如律师）进行相关操作，切勿自行随便签订合同。

（3）应把合作放在首位。专利开发的目的，除了是对自己的肯定，更重要的是对社会、对生活有益处和贡献，一项具有一定技术含量和市场容量的专利技术，在没有转化为社会生产力之前，只能是技术，因此实现产业化才是造福于社会和人类的最高标准，在某种程度上适当退让和调低一些标底，同样是很必要的，毕竟合作是需要双方拿出诚意的。

（4）做好相关记录。尽可能做好转让过程中的记录，这对于后续问题以及收益分配都是很重要的；在转让之前，不要轻易进行价值评估等操作，尤其是不要轻易根据对方要求进行此类操作，如果确实需要进行评估，尽量明确评估费用担负原则和担负比例，以免上当受骗；在没有完全完成转让手续前，不要轻易交付技术资料和相关图纸等具体信息。

（5）当专利权为两个以上的专利权人共有时，一方转让其持有专利权的，另一方可以优先受让其共有的份额。

2. 专利转让合同一般应具备的条款

（1）项目名称。项目名称应载明某项发明、实用新型或外观设计专利权转让合同。

（2）发明创造的名称和内容。应当用简洁明了的专业术语，准确、概括地表达发明创造的名称、所属的专业技术领域、现有技术的状况和本发明创造的实质性特征。

（3）专利申请日、专利号、申请号和专利权的有效期限。

（4）专利实施和实施许可情况。有些专利权转让合同是在转让方或与第三方订立了专利实施许可合同之后订立的，这种情况应载明转让方是否继续实施已订立的专利、实施许可合同的权利义务如何转移等。

（5）技术情报资料清单。至少应包括发明说明书、附图以及技术领域一般专业技术人员能够实施发明创造所必须的其他技术资料。

（6）价款及支付方式。

（7）违约金或损失赔偿额的计算方法。

（8）争议的解决办法。当事人愿意在发生争议时，将其提交双方信任的仲裁机构仲裁的应在合同中明确仲裁机构。明确所共同接受的技术合同仲裁，该条款具有排除司法管辖的效力。

（9）合同当事人违反合同的责任。根据《技术合同法实施条例》第六十二条规定，专利权转让合同转让方不履行合同，迟延办理专利权的转交手续，或受让方不履行合同，迟延支付价款的，应支付违约金和赔偿损失。转让逾期两个月不办理专利权移交手续，或受让方逾期两个月不支付价款的，另一方有权解除合同，违反合同的当事人应当赔偿由此给另一方所造成的损失。

（10）转让合同自签字之日到专利局公告之日期间是否生效。专利法中规定了专利申请权和专利权可以转让，同时规定了转让专利申请权或者专利权的，当事人必须订立书面合同，经专利局登记和公告后生效。

第6章
Chapter6
产品开发的成功案例分析

6.1 交通工具类

6.1.1 宝马 Vision 高效运动概念车

宝马2009年发布了传闻已久的Vision Efficient Dynamics概念车（见图6-1和图6-2）。宝马Vision Efficient Dynamics概念车除了惊艳的造型设计之外（见图6-3），它还拥有如宝马M3般的性能以及丰田普锐斯般的环保油耗，是一款“环保运动跑车”。

图6-1 宝马 Vision Efficient Dynamics 概念车外观（前侧）

图6-2 宝马 Vision Efficient Dynamics 概念车外观（后侧）

图 6-3　宝马 Vision Efficient Dynamics 概念车外观设计草图

宝马 Vision Efficient Dynamics 概念车采用双门 2+2 四门全轮驱动布置，搭载柴油—电力插电式混合动力系统，最大功率 356HP，峰值扭矩 800Nm，百公里油耗低至 3.76L，二氧化碳排放量仅为 99g/km，续航里程达到 640km（见图 6-4）。

图 6-4　宝马 Vision Efficient Dynamics 概念车 1 ∶ 1 模型制作

宝马 Vision Efficient Dynamics 概念车车身总长 4600mm、宽 1900mm，高仅为 1240mm，与宝马 M3 轿车相比长度短 25mm、宽度增加 75mm、高度矮 200mm。同样，车身重量也比 M3 减少 295kg，仅为 1360kg（见图 6-5）。

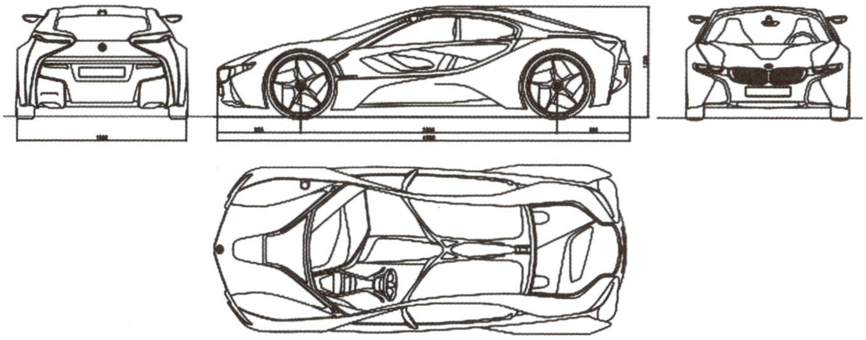

图 6-5　宝马 Vision Efficient Dynamics 概念车外观尺寸

现在来看看这款概念车的设计，雕塑刻纹的形体和曲面展现出的层叠感和流动感相互融合，从而导致低矮运动的低风阻视觉效果，而实际上该车的风阻系数也只有 0.22（见图 6-6）。发动机罩、挡风玻璃、侧门窗、车顶等采用特殊的聚碳酸酯 PC 材料玻璃，能够根据外部光线自动地调节玻璃明暗度。

图 6-6　空气动力测试图

独特的大面积飞翼车门贯穿整个车身侧面，打开之后能够实现前排和后排乘员同时入车（见图 6-7）。此外还有几处与众不同的设计，包括主动天窗以及进气格栅，还有翼状的 LED 尾灯等。

图 6-7　独特的翼式车门开合设计

为了彰显运动性能，宝马为 Vision Efficient Dynamics 配备了 21 寸的超大号铝合金轮毂，其螺旋桨般的造型动感十足，轮胎为 195/55R21 超扁平跑胎（见图 6-8）。

内饰的设计如外观一样充满亮点，整个内饰呈现出丝般的流畅感，符合人体工程学的座椅采用 Kevlar 纤维设计，能够针对不同乘员提供更舒适的乘坐感。前排座椅与中央扶手相连成一体造型，后排座椅则与地板直接相连（见图 6-9）。

图 6-8　五幅示轮毂设计

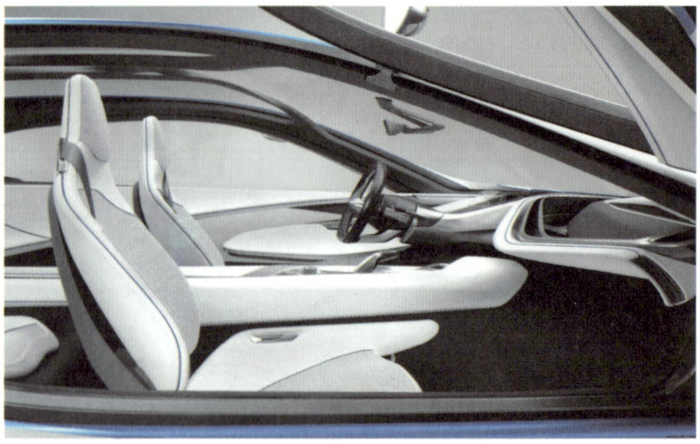

图 6-9　流线型座椅设计

内饰蓝白色主题灯光照明进一步增强高科技感，多功能仪表板拥有 3D 顶部显示屏、夜视系统及其他各种顶尖功能（见图 6-10 ~ 图 6-13）。

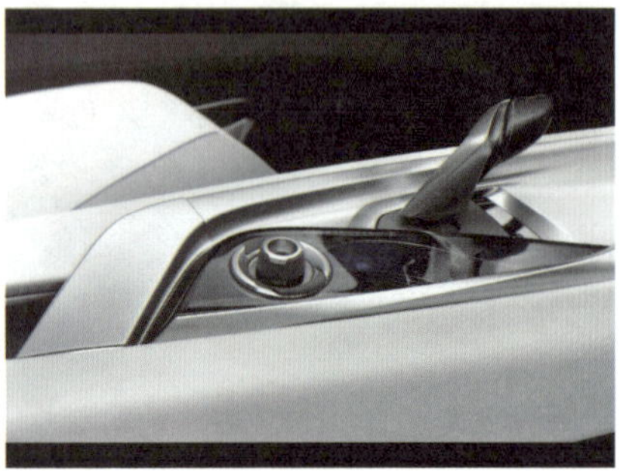

图 6-10　变速器造型设计

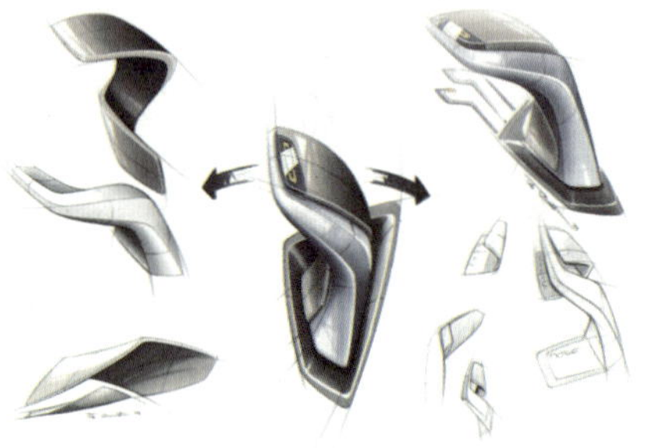

图 6-11　操纵杆设计效果图

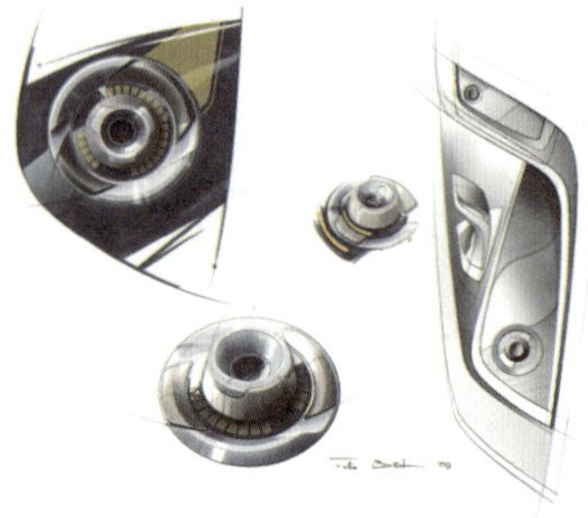

图 6-12　变速箱造型设计效果图

总之，宝马 Vision Efficient Dynamics 概念车的造型设计无疑十分前卫与特别，同时它通过在工程技术方面的刻苦追求，期望能够解决燃油经济性与驾驶乐趣兼备的诉求。

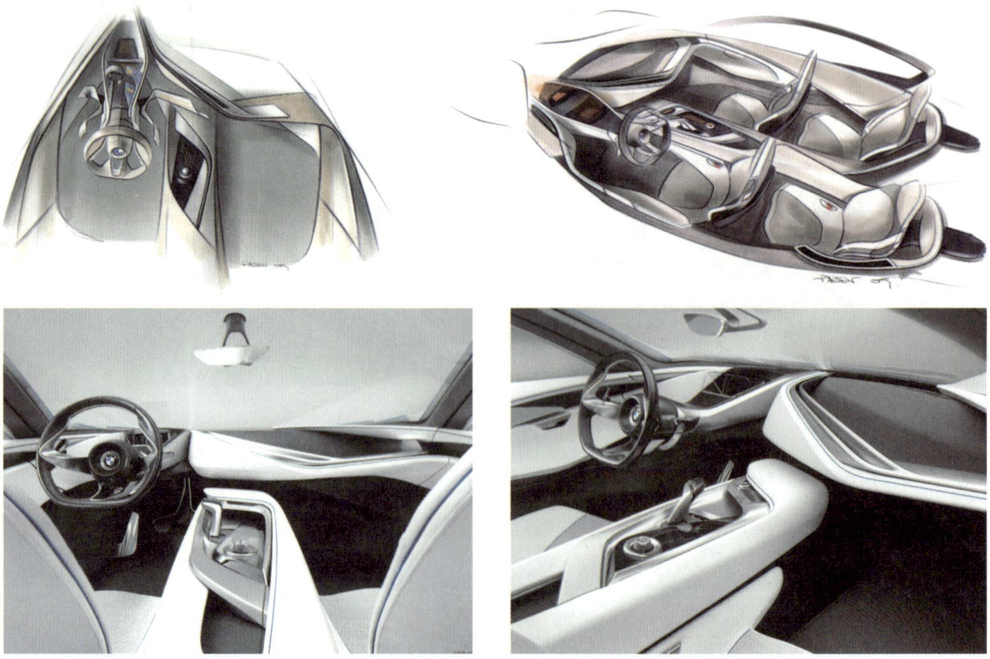

图 6-13　操控空间设计效果图与车内实景对照效果

宝马在最新 Active Hybrid 车型中融入了大量宝马赛车运动以及 M 部门的技术经验，Vision Efficient Dynamics 概念车搭载插电式混合动力系统，采用后置布置的 1.5L 三缸燃油直喷柴油发动机，最大功率 163HP，峰值扭矩 290Nm，配备 M3 以及 Z4 上使用的 6 速 DCT 双离合器变速器（见图 6–14）。

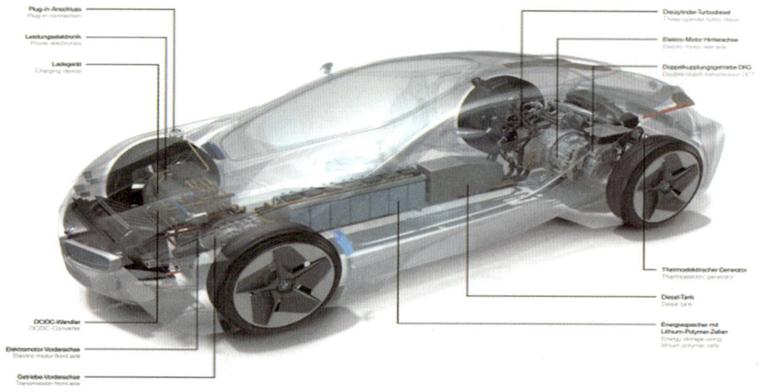

图 6–14　油电混合动力系统示意图

柴油发动机和 DCT 双离合器变速器之间，宝马加入了一个小巧的电动机，该电动机能够发出 51HP 的最大功率以及 290Nm 的峰值扭矩。根据车辆行驶状态的不同，宝马 Vision Efficient Dynamics 概念车的后轮可以分别单独由柴油发动机或者电动机提供动力，也可以由两者组合提供动力。前轮位置还安装了另外一台高功率、低扭矩的互补电动机，最大功率为 80HP，还可以在短时间内提供 139HP 的最大功率，峰值扭矩为 220Nm，动力通过双阶单速降速变速器传递到前轮。宝马表示，3 个动力源（1 台柴油机、2 台电动机）组合之下，Vision Efficient Dynamics 概念车的最大输出功率为 356HP，峰值扭矩达到 800Nm，让这款仅重 1350kg 的轻量化概念车拥有出色的性能表现，0~100km/h 加速时间为 4.8s，最高车速电子限速在 250km/h。除了动力强劲之外，值得一赞的是 Vision Efficient Dynamics 概念车还拥有百公里 3.76L 的超低油耗表现，节能环保的同时也让该车的续行里程达到了 640km，其中可以使用纯电力行驶 48km。锂电池组能够通过标准的 220V 电源进行充电，一次充满仅需 2.5h。

这款宝马全新的 Vision Efficient Dynamics 概念车造型设计前卫惊艳，层叠感和雕塑感展示了宝马未来的设计趋势（见图 6–15 和图 6–16），同时材料上的革新也是一大亮点。而在工程技术方面，宝马的工程师们更是发挥聪明才智，设计出一套全新的 1+2 模式，用 1 台低排量三缸柴油机和 1 台低功率高扭矩电动机驱动后轮，以 1 台高功率低扭矩互补电动机驱动前轮，形成独特的混合动力四轮驱动系统，也给出了现阶段节能环保与动力操控性能兼顾的解决方案（见图 6–17 和图 6–18）。

图 6–15　折片式尾灯设计

图 6–16　炫酷的车身尾部设计

图 6-17　空气格栅效果对比

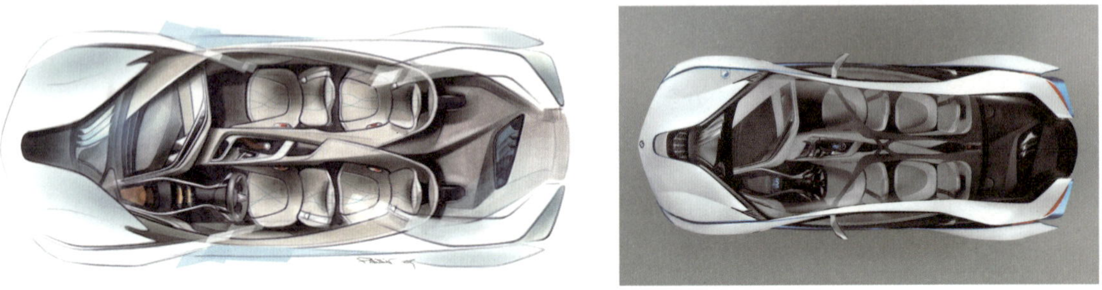

图 6-18　整车空间俯视效果图与实景对比效果

6.1.2　“跑跑”家用小货车设计

“跑跑”家用小货车设计作品如图 6-19 所示。

图 6-19　“跑跑”家用小货车设计（作者：谭峥；导师：杨梅、王俊涛）

6.2 电动工具类

6.2.1 女性时尚电钻设计

电动工具在国外的发展已经到了相当成熟的程度，特别是针对家庭的设计，从产品的造型风格到色彩选择，从功能特点到工作方式，都有了相当细致的划分规则。

从传统意义上讲，在家做手工劳动、修剪园艺、车辆维修等和工具有关的事情几乎都是男人唱主角，这和他们的天性有关，当然也与社会赋予他们的责任有关。但是随着电动工具的日渐成熟，设计师开始关注女性对于电动工具的需求，并且这种需求往往会带来一些电动工具的附加价值，其中审美价值是这种附加价值中的重要一环。

1. 女性时尚电钻设计方案一

以下项目是上海南拂华公司开发设计的一款漂亮的女性电钻，其在满足基本的螺丝起子功能的前提下，造型风格上要有极强的装饰性和女性特征。公司希望它能够具有良好的功能，既坚固耐用，同时也能够成为家居中的一种装饰，具有个性化的女性特征，甚至它的装饰功能同花瓶放在一起也不突兀，优美轻巧的外观使之还能够成为赠送女性朋友的礼品。如图 6–20 是最开始的创意草图，表现了设计师对产品设计目标的最初构想。

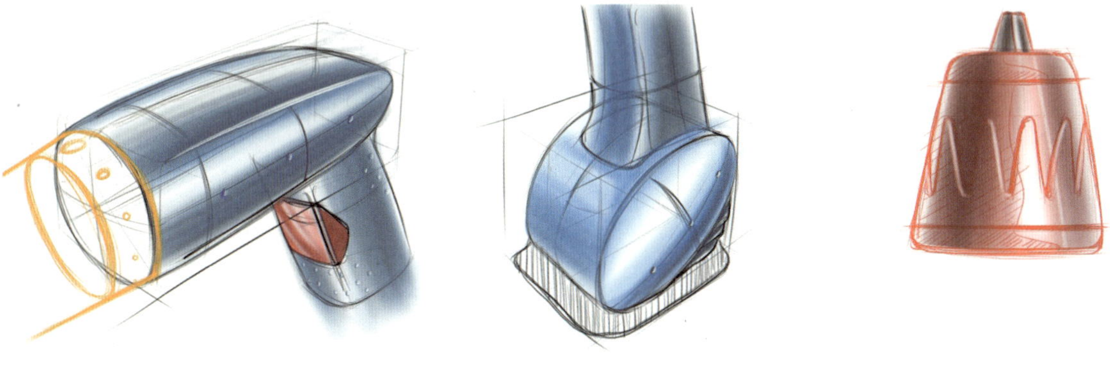

图 6–20　方案一女性电钻创意草图

在最初的设计构想上，设计师依据公司的产品开发设计方向展开思路。设计师的创意是从质感与线条上的表现体现女性的特征。这两个方面有很多的内容可以去探究，仔细推敲女性所钟爱的包括植物、动物、首饰、化妆品、服饰、包装等，都可以找到具有女性特征的时尚生活元素，但最终考虑市场的需求，设计师为这款女性电钻选择了时尚而大方的简约风格，在整体形态上赋予女性的柔美曲线，造型上使之抽象而富于变化。

在设计方案的深化阶段（见图 6–21），设计师力求削弱其作为电动工具功能的视觉感觉，而夸大其装饰性的女性个性化风格，设计师在形态设计上不得不避免太多在普通电钻中出现的元素，例如加强筋、硬朗的切面等，而女性所欣赏的褶皱、圆润、流畅等元素则要进行加强。于是传统电钻暴露的电池包的外观造型被设计师进行了重新设计，使它从视觉上能够和电钻的其他部位形成统一的整体，增强产品外观的整体性。设计师将电钻把手设计得修长而优雅，同时摒弃了传统电钻手柄上的防滑橡胶

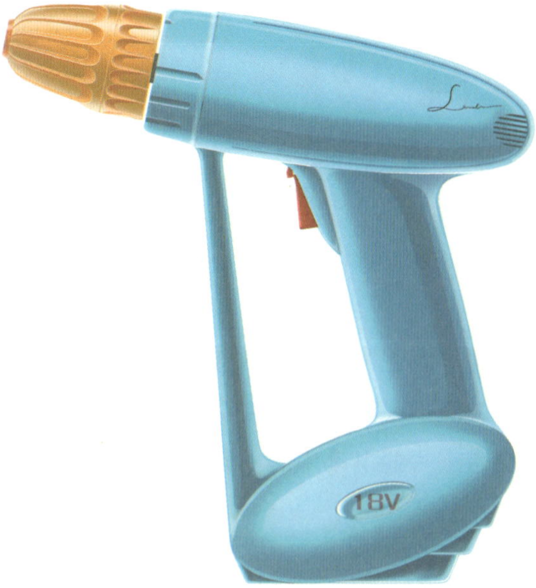

图 6-21　方案一女性电钻效果图

软皮，这样保持其整体统一的效果。钻头造型的设计融会了自然界花朵的元素，增加了电钻整体的唯美和自然的气息，当它旋转起来，更像是工艺品。电钻的机身微妙地处理了侧面和顶面的衔接与过渡，使其在简洁中富有变化；在电池包的底部，作为支撑用的底座结构采用的是衣裙及女鞋中常用的褶皱结构，从视觉上增加了一种动感的趋势，同时还构成了一种女性特有的端庄的剪影。

表面色彩的处理采用的是纯色系，即主要体现其表面的珍珠般的质感，颜色以珍珠白、金银等颜色为主。这类涂装体现的主要是都市女性干练、潇洒、高品位的一种特质。这款设计并不适合长时间繁重工作量时使用，当然也不会有人忍心将它放在杂乱的工具箱里，它要的是一种感觉，一种科技与美结合的感觉。

2. 女性时尚电钻设计方案二

构想方案二走的也是女性电钻的路线，风格上追求的是圆润简洁的路线，不同的是它的定位群体更加年轻，更加活泼而具有朝气，图 6-22 为最初的想法创意草图。机身上采用了更多的曲线纹样，细腻而流畅，从机身的大曲线到电池包上的小凹陷；从变化繁复的手柄软皮到小巧的通风孔设计，都能体现一种俏皮和动感，让人不由得对其微笑。这款设计更适合年龄偏小的女性，把它和书桌上可爱的 Hellokitty 笔筒放在一起是再合适不过的了，平时还可以简单地解决一下紧松螺钉的小问题。图 6-23 为女性电钻效果图。

图 6-22　方案二设计草图

图 6-23　方案二女性电钻效果图

以上两款方案是笔者根据客户要求进行的同一主题的两款女性电钻的设计，风格相近，稍有不同，最终客户选中第一款方案的形态进行了开发生产，在第一款方案的形态上又施加了多种不同色彩鲜艳的贴图，适合不同气质女性的审美需求。最终部分产品实物图如图 6-24 和图 6-25 所示。

图 6-24　女性电钻最终实物照片一（图片由南拂华公司提供）

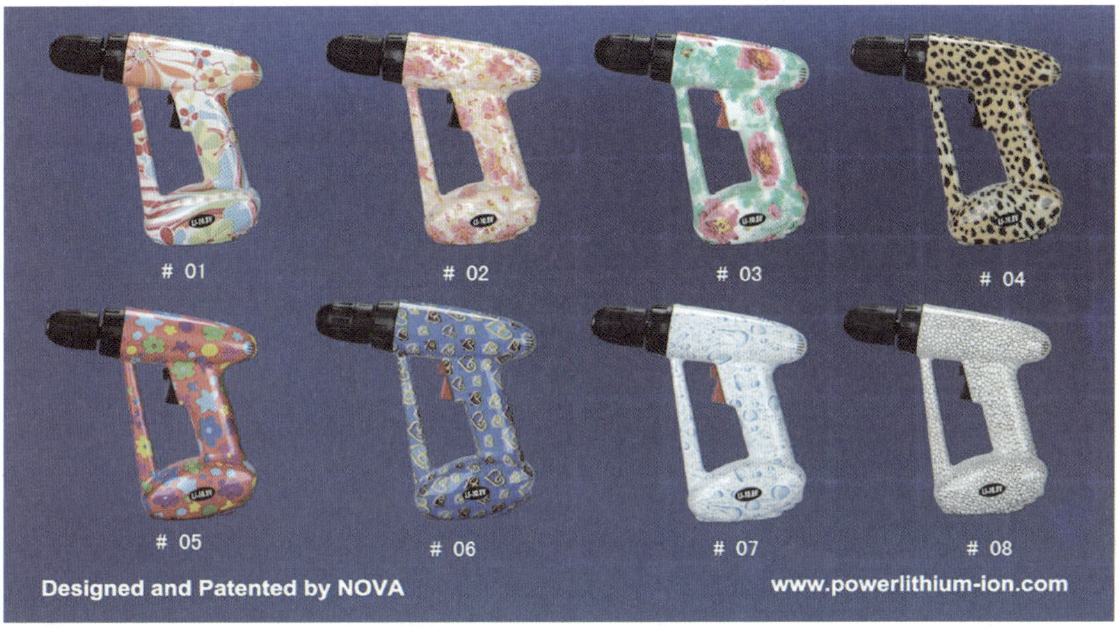

图 6-25　女性电钻最终实物照片二（图片由南拂华公司提供）

6.2.2　家用射钉枪设计

射钉枪在家用工具中并不常见，人们接触的射钉枪往往是专业施工人员使用的压缩空气射钉枪，体积庞大、结构复杂，工作中会有很大的噪音，图 6-26 为传统专业压缩空气射钉枪。

图 6-26　传统专业压缩空气射钉枪

笔者接受客户委托所设计的射钉枪是为了满足家用 DIY 使用的，所以在颜色、质量、体积、手感、使用方式、安全性等方面都要考虑到家庭因素的特点。首先，在外观上，家用射钉枪必须有漂亮的外观和亮丽的颜色，使其在家庭生活中不会因为太过专业而格格不入；其次，在使用方式上，要进行简单化的设计，专业型庞大的空气压缩机是不可取的，笔者采用了 DC 直流电池驱动的设计方式，这样省去了导线和空气压缩线的束缚。由于没有压缩空气的驱动，射钉枪就要采用其他的方式来驱动钉子射入材料，笔者采用了电动马达驱动弹簧的方式，既减少了噪音，又可以使射钉枪的体积尽量紧凑。结合内部结构，采用了专业的硬朗线条加柔和的手柄设计，既有专业工具的信任感，又有家用工具的亲和性，最初草图及内部结构图如图 6–27 和图 6–28 所示。

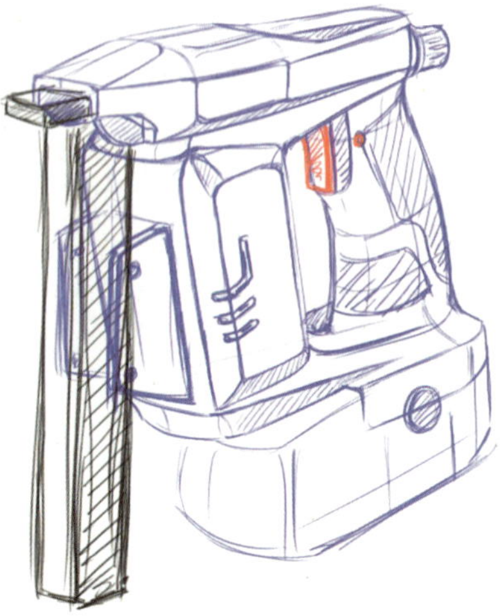

图 6–27　家用 DIY 直流射钉枪草图

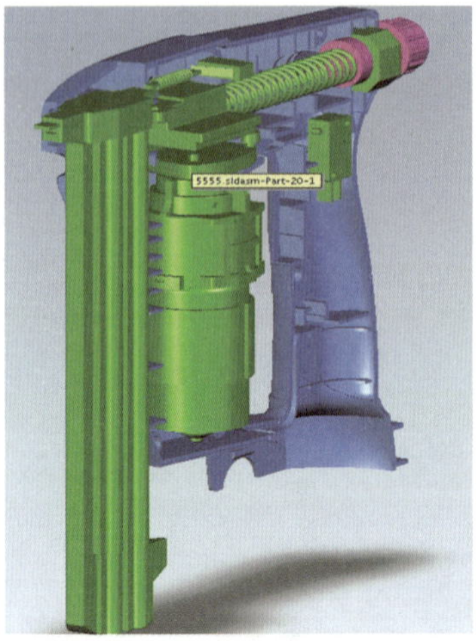

图 6–28　家用 DIY 直流射钉枪内部结构

草图确定了大的方向和基调以后，客户对细节颜色等进行了细化的要求，在此基础上，进行着色效果图的绘制。绘制过程中特别着重强调了机身侧面的切面，提高了机身整体的硬朗感觉；在垂直的电机仓的表面处理上，采用了大块的浑圆表面，配以装饰性的折线，体现一种科技的味道。手柄的设计中规中矩，大块面的软皮增加了手握的舒适性，指槽的设计便于抓握。最终侧面效果图如图 6–29 所示。

在效果图的基础上，客户进行了快速成型的模型制作，模型可以更直观地暴露设计问题和工程缺陷，在对模型进行了充分论证后，笔者进行了相应的设计修改，摒弃了一些多余的设计元素，使设计更趋于简洁大方，最终产品如图 6–30 所示。

图 6–29　家用 DIY 直流射钉枪侧面效果图

图 6–30　家用 DIY 直流射钉枪产品照片（图片由南拂华公司提供）

6.3 设计服务开发类

Nike 公司为更好地满足消费者的不同需求，让更多的消费者满足自己的个性需要，穿出自己的时尚潮流，在其官方网站推出了 NIKEID 网站，如图 6-31 ~ 图 6-38 所示，消费者可以根据自己的需要选择喜欢的鞋款进行设计，然后选择自己需要的鞋码，定制自己的 Nike 运动鞋。让每个人都成为 Nike 的专业设计师。

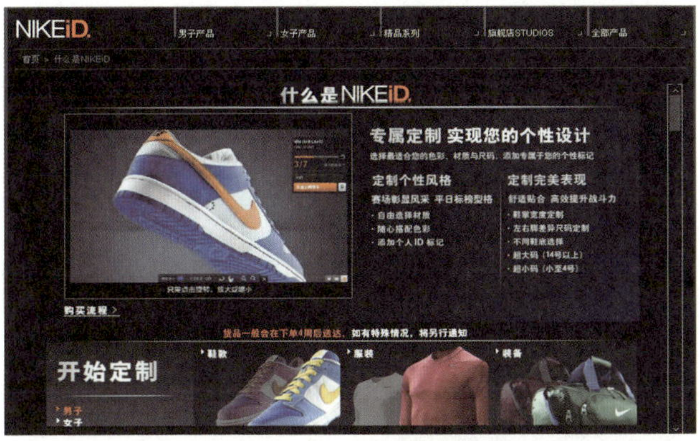

图 6-31　NIKEID 网站主页面

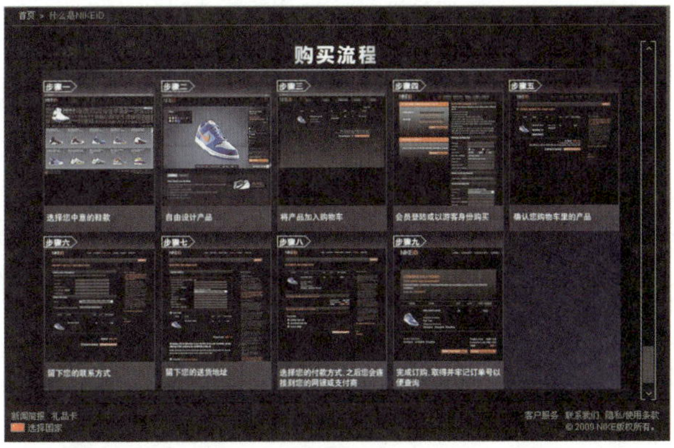

图 6-32　NIKEID 网站购买流程介绍

图 6-33　设计进度菜单显示设计情况

图 6-34　“浏览更多”功能可以让你看到鞋子不同角度的设计效果

图 6-35　可以选择正视角度一双鞋子的效果

图 6-36　可以利用“搜索设计”菜单浏览其他消费者公开的设计

图 6-37　可以任意选择鞋子的每一部分进行材质和色彩设计

图 6-38　根据要求选择鞋码大小

6.4　数码、通信产品类

数码、通信类产品如 Nokia 概念手机、“太极”机箱设计、“蜗牛”机箱设计、“花音”播放器、绕线 MP3 播放器设计图如图 6-39 ~ 图 6-43 所示。

图 6-39　概念手机 Morph（Nokia 公司）

诺基亚研发中心和英国剑桥大学纳米科学实验室合作开发了一款名为 Morph（变形）的概念手机。它采用了一个耳机式的主机和显示操作屏子母式设计，除了常规的手机样式之外，还可变成显示屏、手镯腕表、网络写字板等式样。而纳米纤维蛋白材料的应用，可以让手机更加柔软、透明，甚至其表面还具备自洁功能，诺基亚打算在 7 年内正式投放市场）

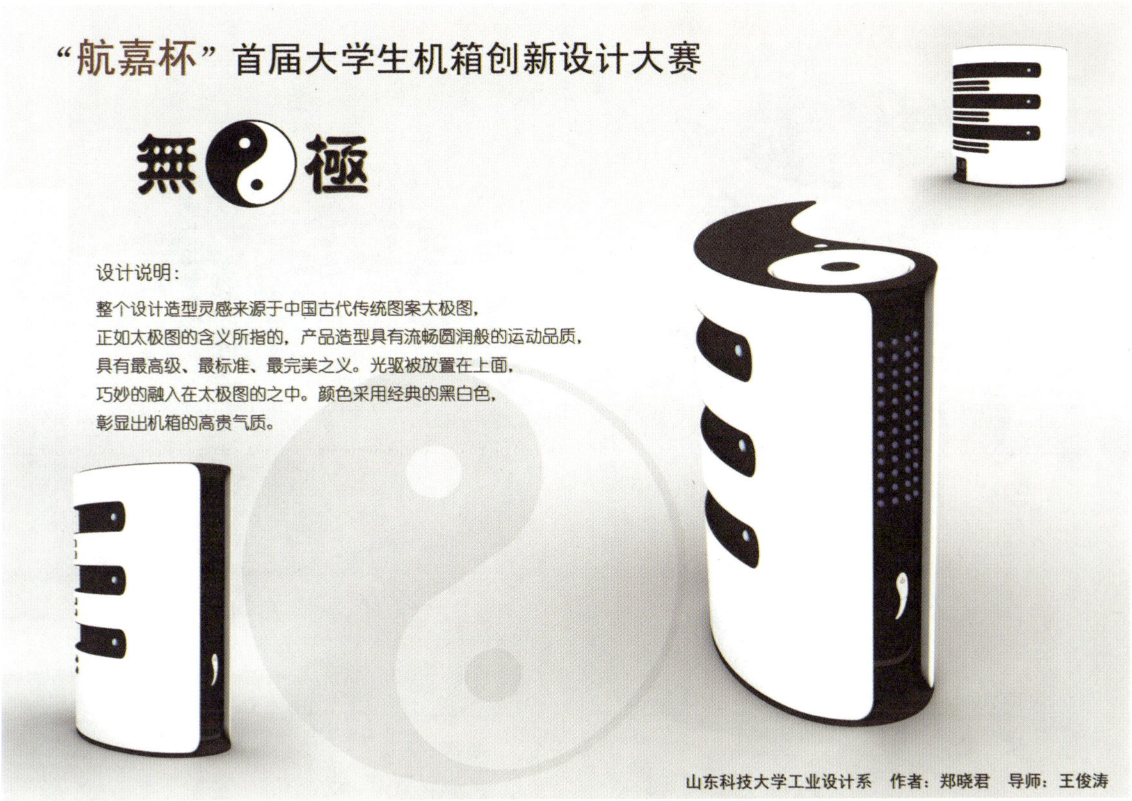

图 6-40 《"太极"机箱设计》"航嘉杯"首届机箱设计大赛 银奖
（作者：郑晓君，山东科技大学工业设计 2003 级；导师：王俊涛）

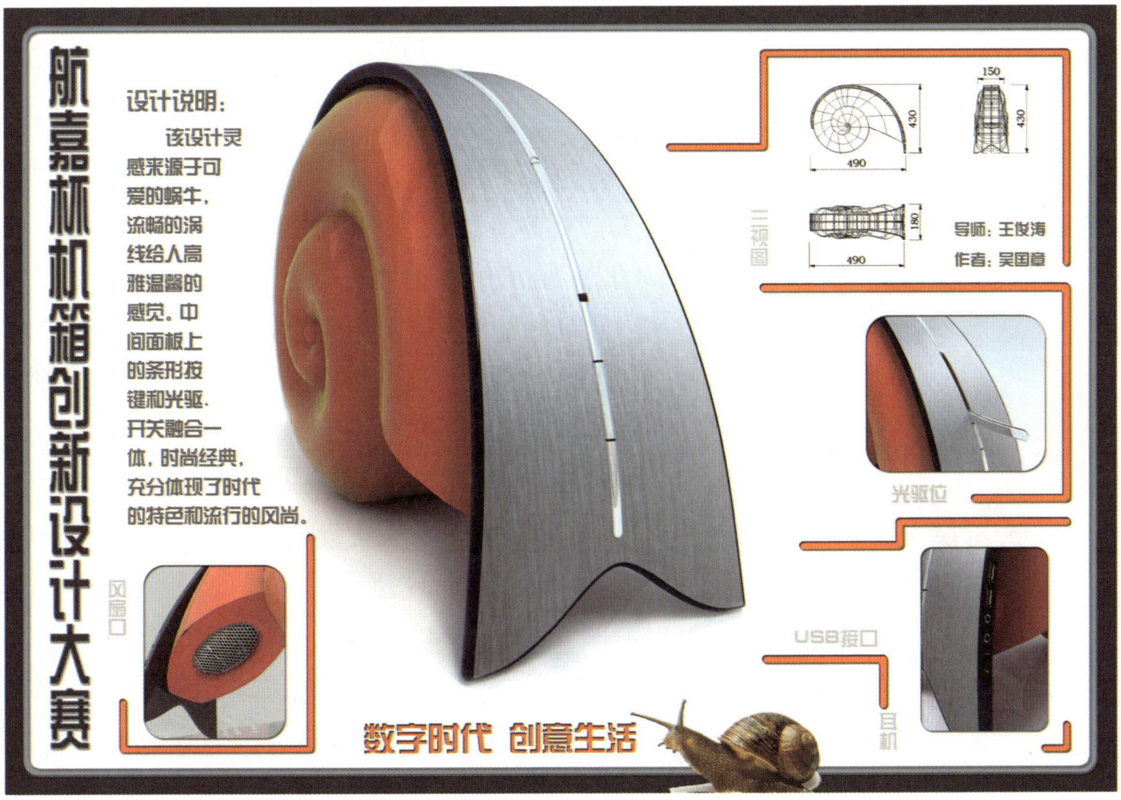

图 6-41 《"蜗牛"机箱设计》"航嘉杯"首届机箱设计大赛 铜奖
（作者：吴国章，山东科技大学工业设计 2003 级；导师：王俊涛）

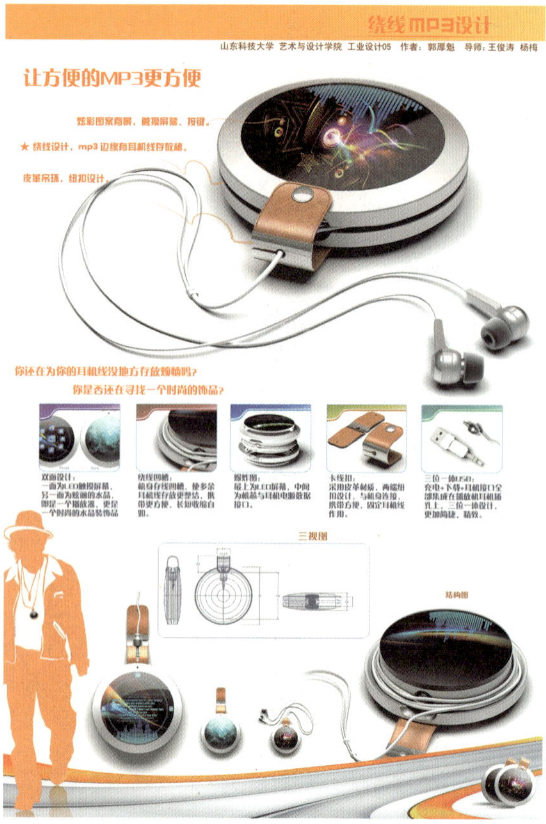

图 6-42 绕线 MP3 播放器

（作者：郭厚魁，山东科技大学工业设计 2005 级；导师：王俊涛、杨梅）

图 6-43 “花音”播放器

（作者：安良永，山东科技大学工业设计 2005 级；导师：王俊涛、杨梅）

6.5 专题设计类

家电下乡政策是深入贯彻落实科学发展观、积极扩大内需的重要举措，是财政和贸易政策的创新突破。其主要内容是，顺应农民消费升级的新趋势，运用财政、贸易政策，引导和组织工商联手，开发、生产适合农村消费特点、性能可靠、质量保证、物美价廉的家电产品，并提供满足农民需求的流通和售后服务；对农民购买纳入补贴范围的家电产品给予一定比例（13%）的财政补贴，以激活农民购买能力，扩大农村消费，促进内需和外需协调发展家电下乡专用标识如图 6-44 所示。

图 6-44 家电下乡的专用标识

2007 年 11 月 15 日财政部《关于开展家电下乡试点工作的通知》，为了贯彻落实国务院关于促进家电下乡的指示精神，财政部、商务部在反复调查研究的基础上，提出了财政补贴促进家电下乡的政策思路。为稳妥推进，自 2007 年 12 月起在山东、河南、四川、青岛三省一市进行了家电下乡试点，对彩电、冰箱（含冰柜）、手机三大类产品给予产品销售价格 13% 的财政资金直补。试点取得了显著成效，农民得实惠、企业得市场、政府得民心。

2008 年 5 月 26 日财政部、商务部《关于继续实施家电下乡政策的通知》（财建〔2008〕325 号）。在总结试点经验的基础上，2008 年 10 月 13 日财政部、商务部关于印发《家电下乡推广工作方案》的通知（财建〔2008〕680 号），财政部、商务部研究认为，有必要加快推进家电下乡，以进一步发挥财政补贴家电下乡产品在扩大内需、改善民生、促进社会主义新农村建设方面的政策效用。经国务院批准，在试点的三省一市继续实施的同时，将家电销售及售后服务网络相对完善、地方积极性较高的内蒙古、辽宁、大连、黑龙江、安徽、湖北、湖南、广西、重庆、陕西纳入推广地区范围，共计 14 个省（自治区、直辖市）及计划单列市。为保持政策公平，家电下乡在各地区实施的时间（含三省一市的试点时间）统一暂定为 4 年。

根据国务院第 36 次常务会议精神，为了进一步发挥家电下乡政策在扩大内需特别是农村消费中的作用，国务院决定尽快在全国推广家电下乡工作。2008 年 11 月 28 日，财政部、商务部、工业和信息化部印发了《关于全国推广家电下乡工作的通知》（财建〔2008〕862 号）。从 2009 年 2 月 1 日起，家电下乡在原来 14 个省市的基础上，开始向全国推广，产品也从过去的 4 个增到 8 个，除了之前推出的“彩电、冰箱、手机、洗衣机”之外，本次家电下乡又新增了摩托车、电脑、热水器和空调，它们和彩电等产品同样享受国家 13% 的补贴。各个省市可以根据各地区不同的需求在这 4 个产品中选择两个进行推广。

2009 年 4 月 26 日，为进一步完善家电下乡政策，财政部会同商务部、工业和信息化部、发展改革委、中宣部、农业部、环境保护部、税务总局、工商总局、质检总局等 11 部委家电下乡联席会议成员单位制定下发了《家电下乡操作细则》（财建〔2009〕155 号）。

海尔集团是世界白色家电第一品牌、中国最具价值品牌。海尔在全球建立了 29 个制造基地，8 个综合研发中心，19 个海外贸易公司，全球员工总数超过 6 万人，已发展成为大规模的跨国企业集团。海尔集团在首席执行官张瑞敏确立的名牌战略指导下，先后实施名牌战略、多元化战略和国际化战略，2005 年底，海尔进入第四个战略阶段——全球化品牌战略阶段。创业 24 年的拼搏努力，使海尔品牌在世界范围的美誉度大幅提升。2009 年，海尔品牌价值高达 812 亿元，自 2002 年以来，海尔品牌价值连续 8 年蝉联中国最有价值品牌榜首。海尔品牌旗下冰箱、空调、洗衣机、电视机、热水器、电脑、手机、家居集成等 19 个产品被评为中国名牌，其中海尔冰箱、洗衣机还被国家质检总局评为首批中国世界名牌。

海尔集团针对这一国家“家电下乡”政策，将农村家电作为设计开发重点之一，制定好了一系列产品开发策略。依托海尔中心实验室提供最完善的设计，该实验室拥有 12 个整机专业检测实验室与 18 个零部件专业检测实验室，可以完成 500 多项标准 2000 多个项目的测试，包括黑色、白色、米色家电的所有整机与零部件测试。实验室拥有各种测试设备 1000 余套，配备了国际最先进的产品测试系统和一流设备，其中具有世界先进水平的大型精密实验室和测试设备达 40 余套，如电磁兼容（EMC）实验室、人工气候室、声学实验室、环境实验室、全球气候室、气质联用仪、原子吸收光谱仪、振动试验台、高低温冲击设备等。提出了专为农村设计的“防雷击”、“安全用电”、“防鼠方案”、“农村信息化”、“节能环保”、“特殊需求”等专案设计，见表 6-1 ~ 表 6-6，信息在时代的用户需求如图 6-45 所示。

表 6-1 专为农村设计——防雷击

用户需求	解 决 方 案
电视超强接收	无信号 (0dB)——村村通直播星系统：从芯片、卫星接收天线、机顶盒到电视机海尔全套解决方案；弱信号(小于 50dB)——超强接收模块：50dB 以下弱信号正常收看；正常信号(大于 70dB)——标准接收模块：正常收看
电视防雷击	可防 1 万伏、5kA 雷电冲击
电视教育信息化	内置古诗 300 首、英语 900 句、多种趣味游戏；内置《致富经》节目内容，并免费更新
电视新农村化	专为新农村用户设计，平板外观，时尚靓丽（中国红、卧室宝贝、模卡……）

表 6-2 专为农村设计——安全用电

存在问题	解 决 方 案		
	海尔冰箱	海尔热水器	海尔洗衣机
农村偏远地区用电环境不好，甚至无接地线，易造成漏电事故	专为农村用户设计了防漏电插座，杜绝安全隐患	采用专利防电墙技术，不怕漏电，真正保安全	专为农村用户设计了防水、防漏电面板，无惧使用环境影响
部分农村地区电压不稳，时高时低，易损坏电器	海尔家电全部采用宽电压带技术，高压、低压一样稳定运行		

表 6-3 专为农村设计——防鼠方案

使用环境	用户需求	海尔解决方案
老鼠变小，易钻入机器内咬坏电线	防止老鼠咬电线，防止漏电	专门设计的防鼠网、防鼠板

表 6-4 专为农村设计——农村信息化

产 品	特 点
“一键通”海尔“乐家家”电脑	帮助农民科技致富，方便资料信息查询
“家家通”手机	固定电话和移动电话二合一，在家是固定电话，在外是移动电话
“农信通”手机	让农民随时随地掌握农贸市场行情，进山区照样打电话
3G 数字电视手机	手机、电视二合一，想打电话打电话，想看电视看电视

表 6-5 专为农村设计——节能环保

用户需求	海尔解决方案
省电、省水、省钱	买的时候要便宜，用的时候更要便宜

表 6-6 专为农村设计——特殊需求

用户需求特点	针对产品类型	解 决 方 案
农村房间大，密封差	空调	16m 超远距离送风，3min 快速制热
29% 的农村用户洗衣机在半户外使用，4% 的用户在室外使用	洗衣机	塑料外壳不生锈，-40℃室外冻不坏
奶农的奶站没有自来水，需提供恒温热水	太阳能热水器	提供多温区恒温供水解决方案。海尔研发人员了解到奶农养牛的难题，全国十余家奶站采购了专为奶农设计的海尔太阳能热水器

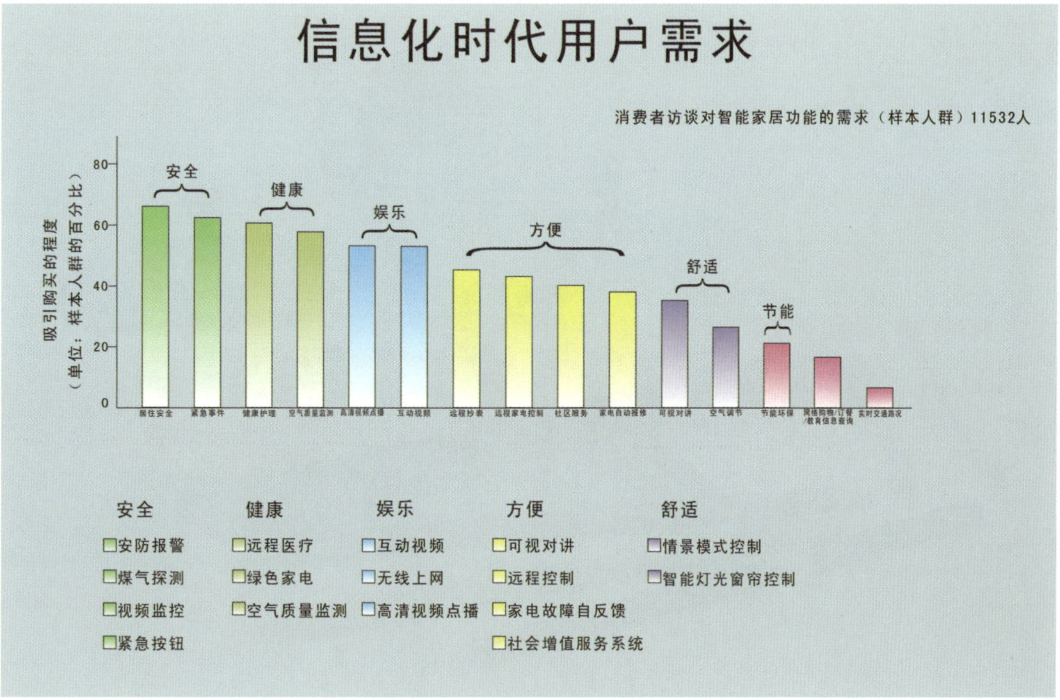

图 6-45　信息化时代用户需求

6.6　办公文具类

6.6.1　情趣化设计——“乐趣”文具系列、可转方椅

“乐趣”文具系列设计作品如图 6-46 ~ 图 6-49 所示，可转方案设计作品见图 6-50。

图 6-46 《“乐趣”文具系列之一——水滴精灵》
（作者：魏晓刚，山东科技大学工业设计 2006 级；导师：王俊涛）
2010 届全国大学生工业设计专业优秀毕业设计展，二等奖（教育部工业设计指导委员会）

图 6-47 《“乐趣”文具系列之二——滑板小子》
（作者：魏晓刚，山东科技大学工业设计 2006 级；导师：王俊涛）
2010 届全国大学生工业设计专业优秀毕业设计展，二等奖（教育部工业设计指导委员会）

图 6-48 《“乐趣”文具系列之三——垂钓者》
（作者：魏晓刚，山东科技大学工业设计 2006 级；导师：王俊涛）
2010 届全国大学生工业设计专业优秀毕业设计展，二等奖（教育部工业设计指导委员会）

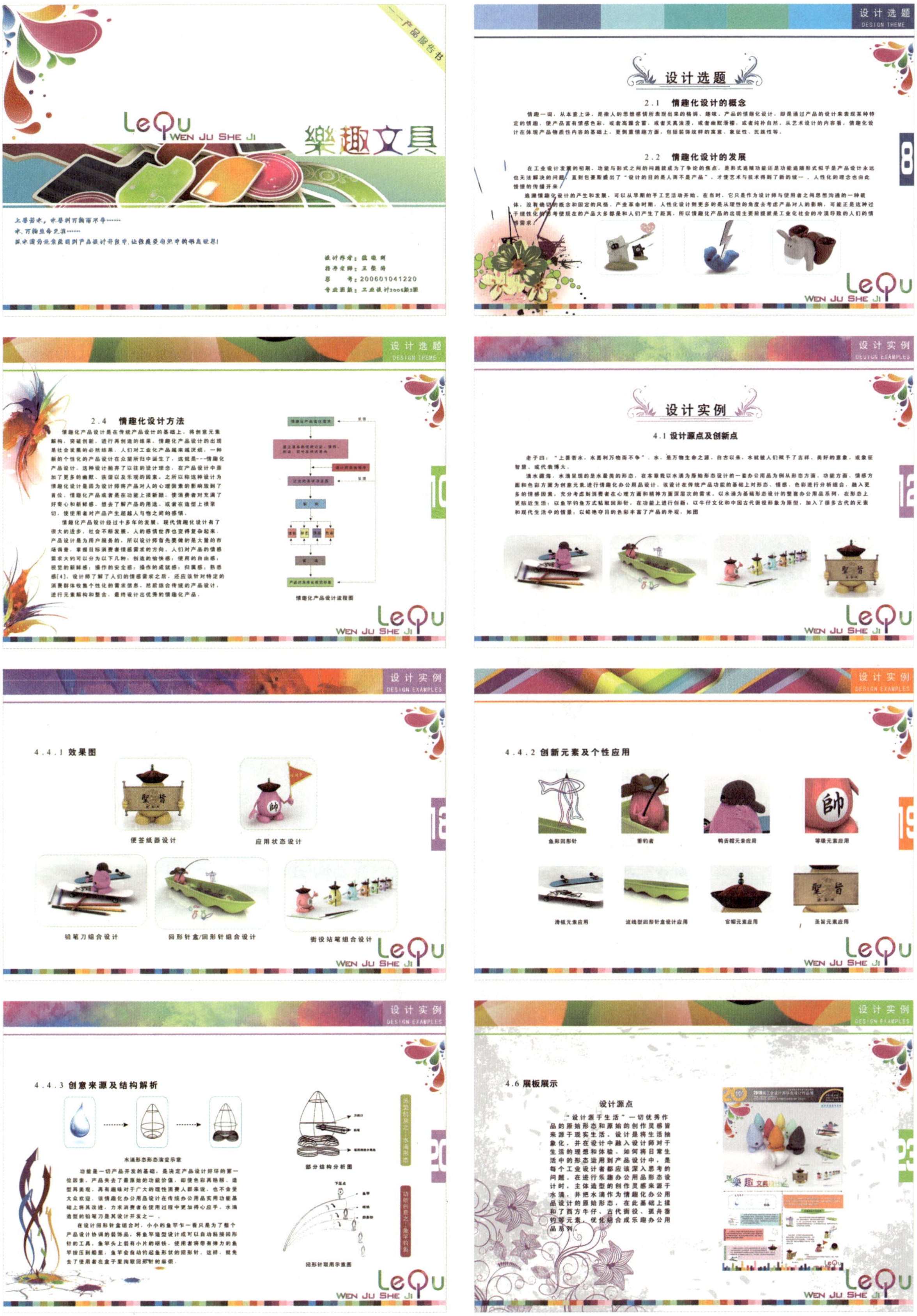

图 6-49 《“乐趣”文具系列产品报告书》

（作者：魏晓刚，山东科技大学工业设计 2006 级；导师：王俊涛）

2010 届全国大学生工业设计专业优秀毕业设计展，二等奖（教育部工业设计指导委员会）

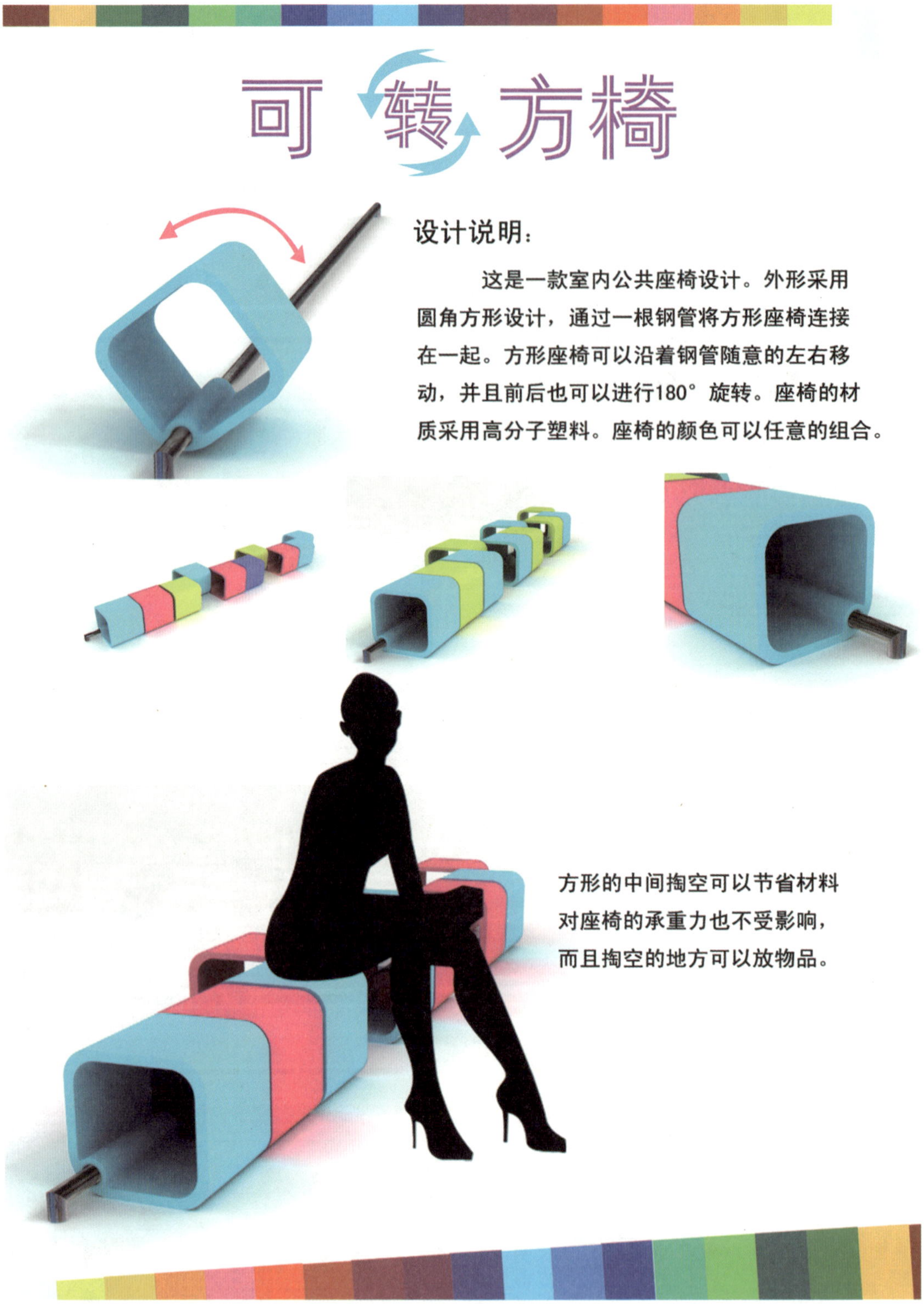

图 6-50 《可转方椅》首届山东艺术设计大赛（工业设计类）“金奖”
（作者：田旭、徐蕊、王亚男，山东科技大学工业设计 2007 级；导师：王俊涛、薄其芳）
山东省高等学校人文社科研究计划项目《情趣化元素在当代设计艺术中的应用》研究成果（项目编号 J10WJ57）

6.6.2 文化元素设计——“祥云”修饰品、“吉祥如意”笔筒、Flying dream 眼镜设计

文化元素设计作品如图 6-51 ~ 图 6-53 所示。

图 6-51 《“祥云”修饰品》“为中国而设计”第二届全国旅游纪念品设计大赛 铜奖
（作者：吕磊，山东科技大学工业设计 2007 级；导师：王俊涛）
山东省教育厅人文社科研究计划项目《非物质文化在当代设计中的继承应用及发展研究》研究成果（项目编号：J08WH54）

图 6-52 《“吉祥如意”笔筒》

（作者：安良永，山东科技大学工业设计 2005 级；导师：王俊涛）

山东省教育厅人文社科研究计划项目《非物质文化在当代设计中的继承应用及发展研究》研究成果（项目编号：J08WH54）

图 6-53 Flying dream 眼镜（获得 2006 日本 OPUS 国际眼镜设计比赛评委特别奖）

（作者：高冲，山东科技大学工业设计 2001 级）

该设计的创意来自中国传统的玩具———竹蜻蜓，将当代眼镜以古代玩具的形式加以诠释，使得眼镜更加具有品味和趣味。采用有机强化玻璃作为镜片，具备一定的强度、韧度与透明度。该眼镜形态简洁，拆装简单，携带方便，在起到眼睛作用的同时可以作为玩具。

6.7 家用电器类

“光韵”影碟机、“竹音”加湿器、“蜂巢”壁灯、“竹裙”室内灯、“风景”概念台式电风扇、“沉积的冰”概念塔式电风扇设计作品如图 6-54 ~图 6-60 所示。

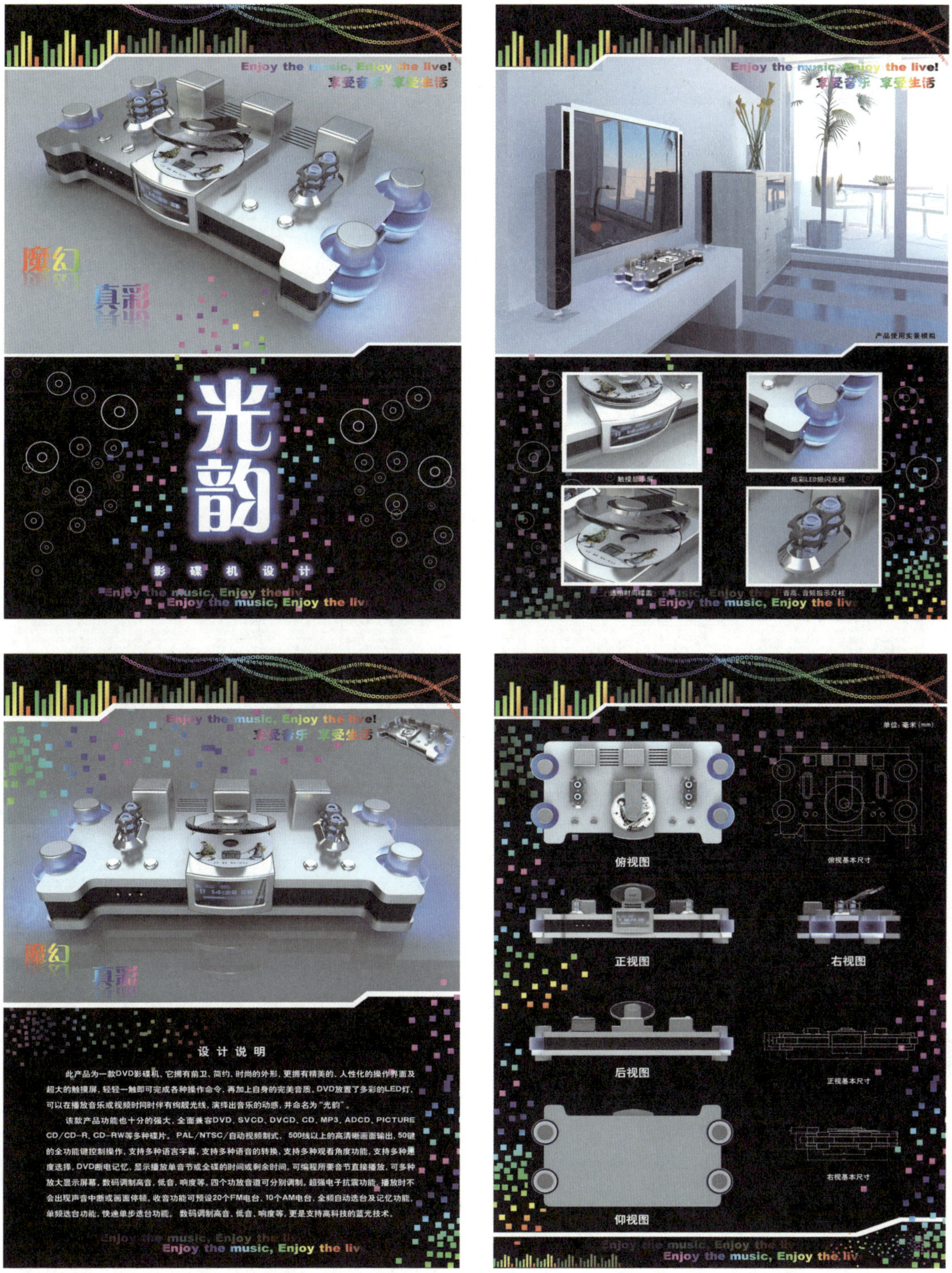

图 6-54 《“光韵”影碟机》第十一届全国美展入选
（作者：王俊涛、肖慧、李辉，中华人民共和国文化部、中国文学艺术界联和会、中国美术家协会）

图 6-55 《“竹音”加湿器》

（作者：孔娜，山东科技大学工业设计 2006 级；导师：王俊涛）

2010 届全国大学生工业设计专业优秀毕业设计展，二等奖（教育部工业设计指导委员会）

山东省教育厅人文社科研究计划项目《非物质文化在当代设计中的继承应用及发展研究》研究成果（项目编号：J08WH54）

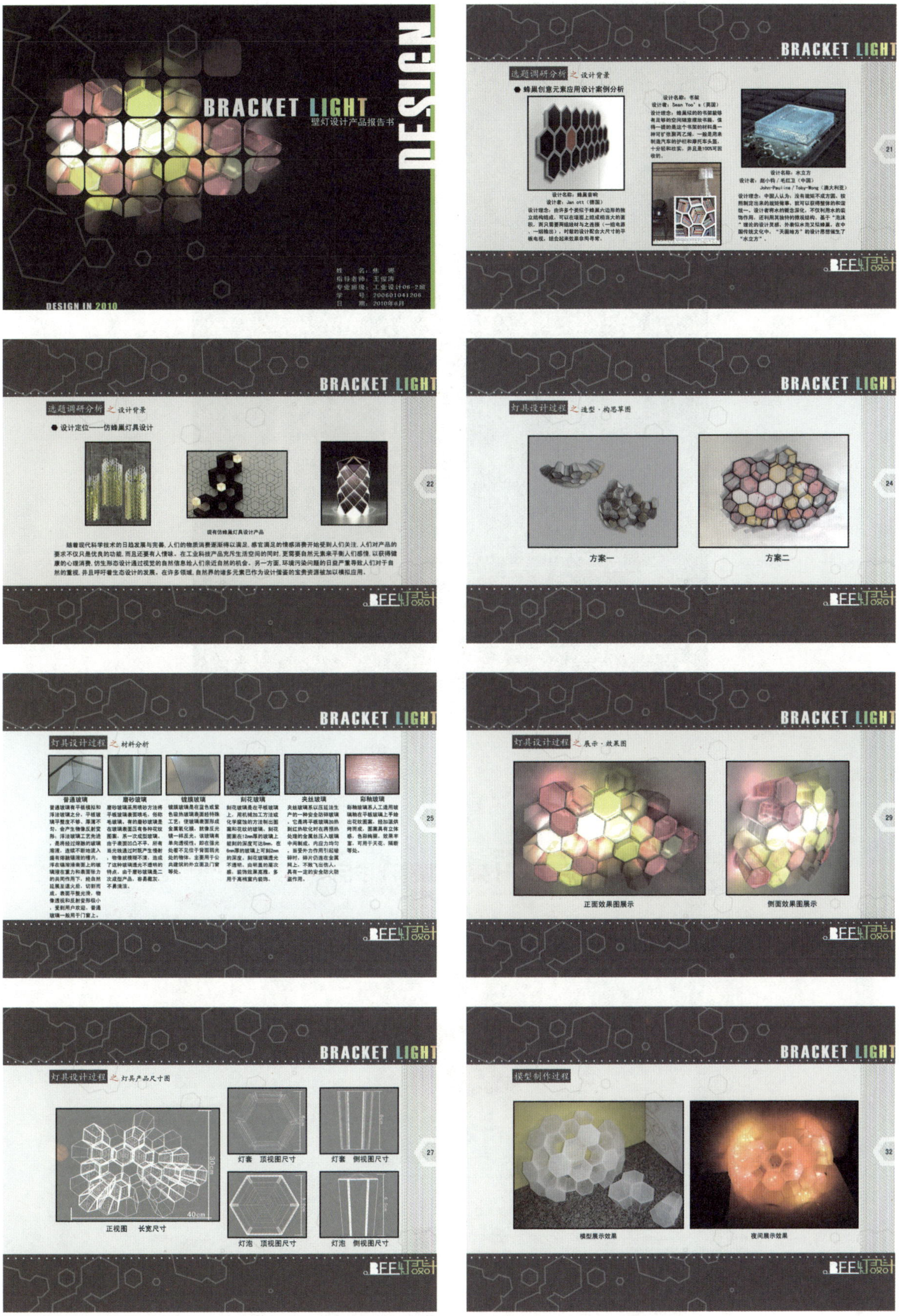

图 6-56 《“蜂巢”壁灯》
（作者：焦娜，山东科技大学工业设计 2006 级；导师：王俊涛）

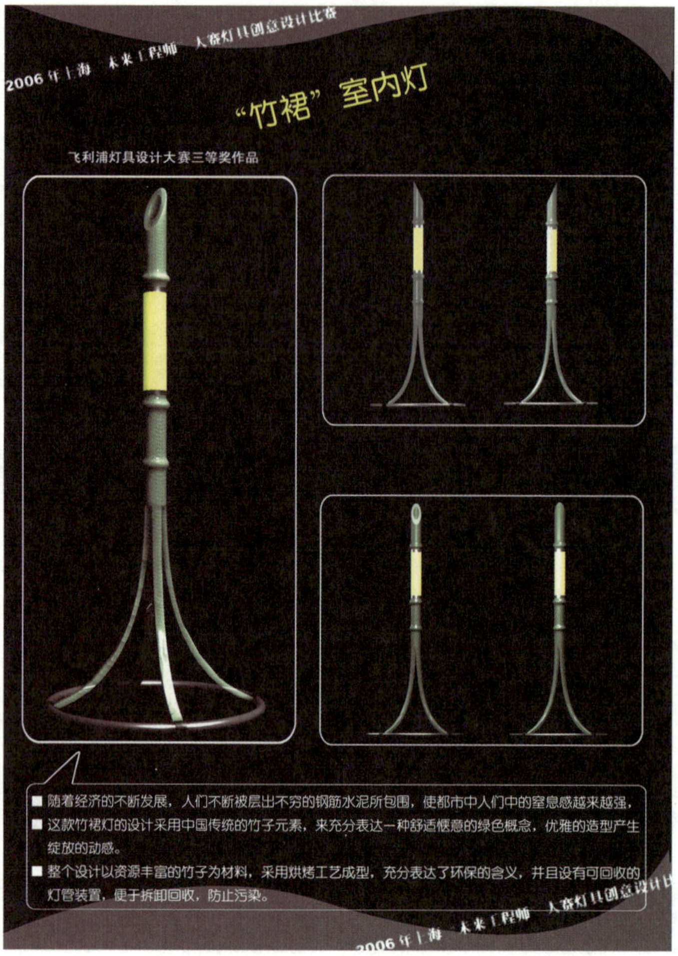

图 6-57 《“竹裙”室内灯》
（作者：张修强，山东科技大学工业设计 2002 级）
2006 上海未来工程师大赛灯具设计三等奖

图 6-58 《“升官”“发财”加湿器设计》
（作者：常心华，山东科技大学工业设计 2007 级；导师：王俊涛）

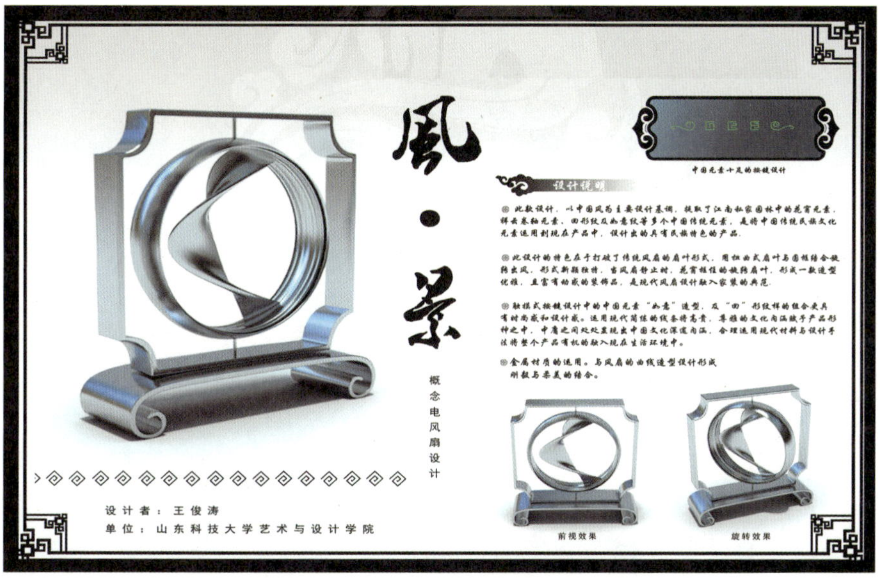

图 6-59 《“风景”概念台式电风扇》(设计：王俊涛)
山东省教育厅人文社科研究计划项目《非物质文化在当代设计中的继承应用及发展研究》研究成果（项目编号：J08WH54）

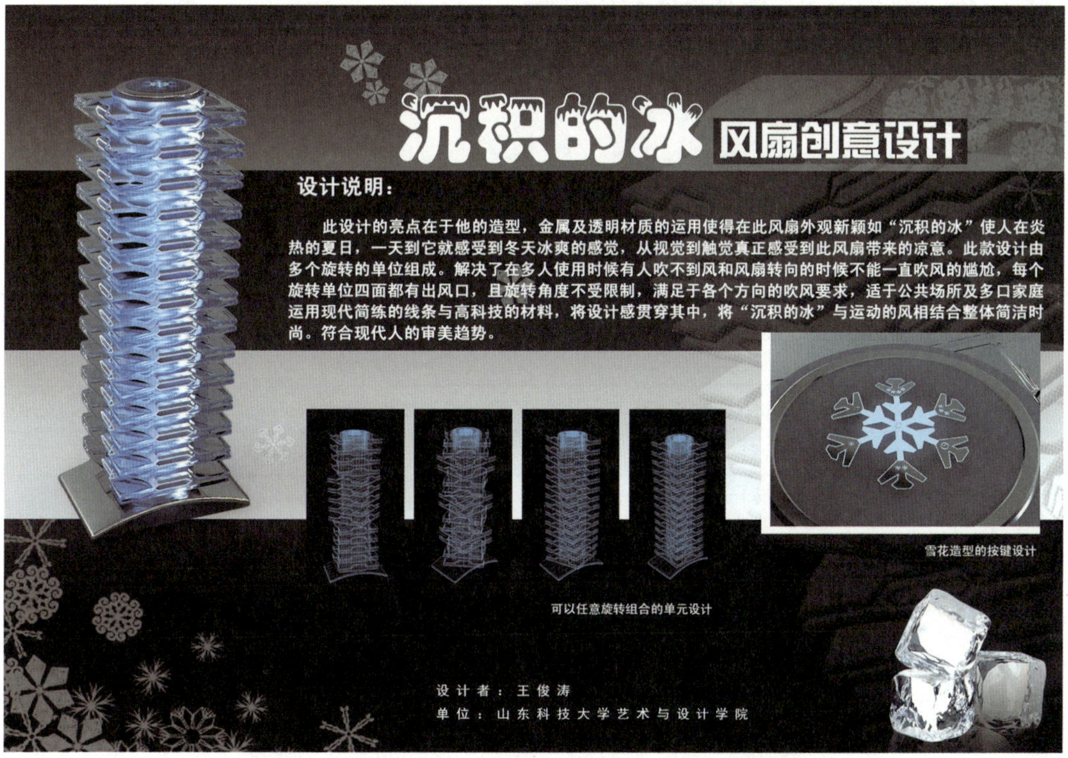

图 6-60 《“沉积的冰”概念塔式电风扇》(设计：王俊涛)
山东省教育厅人文社科研究计划项目《非物质文化在当代设计中的继承应用及发展研究》研究成果（项目编号：J08WH54）

第7章
Chapter7

设计相关资源

无论任何时候，对于产品设计开发而言相关资料的调研都是非常重要的，本章搜集整理的相关设计资源网站300余个，包括国外设计组织及团体、国外设计院校、国外艺术中心、美术馆、博物馆网站、国外设计杂志、国外公司、企业网站，希望为读者的专业学习提供更广阔空间。

7.1 国外设计组织及团体

国外设计组织及团体列举见表7-1。

表7-1 国外设计组织及团体

地　区	单 位 名 称	网　址
欧洲	国际工业设计协会	http://www.icsid.org
	意大利DESIGNBOOM设计网	http://www.designboom.com
	意大利CASSINA设计网	http://www.cassina.it
	德国DesignReport设计网	http://www.design-report.de
	斯堪的纳维亚设计	http://www.scandinaviandesign.com
	瑞典工业设计中心网站	http://www.svid.se
	法国无限设计群	http://www.absolut.fr/home.ph
	芬兰设计协会网站	http://www.designforum.fi
	英国汽车设计新闻	http://www.cardesignnews.com
	英国设计与艺术协会(平面视觉)	http://www.dandad.org
	北欧设计	http://www.scandinaviandesign.com
	英国设计议会	http://www.designcouncil.org
	丹麦设计中心	http://www.ddc.dk
	英国EFX设计销售网	http://www.efx.co.uk
	法国设计中心网站	http://www.designfrance.tm.fr
	包豪斯设计档案	http://www.bauhaus.de
	德国柏林国际设计中心	http://www.idz.de

续表

地　　区	单　位　名　称	网　　　址
欧洲	德国设计中心	http://www.german-design-council.de
	欧洲游艇设计网	http://www.boatdesign.net
	比利时国家设计中心网站	http://www.designaddict.com
	荷兰设计 FRAME	http://www.framemag.com
	奥地利电子艺术设计中心	http://www.aec.at/
	国际 100% 设计(英国)	http://www.100percentdesign.co.uk
美洲	国际设计网络协会（美国）	http://www.designnet.org
	国际 IDEO 产品设计集团（美国）	http://www.ideo.com
	美国工业设计师协会	http://www.idsa.org
	Core77design 设计网（美国）	http://www.core77.com
	美国 FELISSIMO 设计中心	http://www.felissimo.com
	100 Years of Design	http://www.idsa.org
	加拿大线上设计情报中心	http://www.dx.org/dxflash.html
	美国自由设计师 Coroflot 联合网	http://www.coroflot.com
	美国平面设计协会	http://www.aiga.org
	美国 Commarts	http://www.commarts.com
	厄瓜多尔设计师协会	http://www.trama.com.ec
	超级车族(美国)	http://www.seriouswheels.com
	美国室内装饰设计师协会	http://www.iida.org
	芝加哥家具设计师协会	http://www.cfdainfo.org
	设计出租车网	http://www.designtaxi.com
	美国 Design Within Reach	http://www.dwr.com
亚洲	亚洲国际设计师协会	http://www.asia-ada.org
	日本东京设计师联合会	http://www.tokyodesignersblock.com
	日本设计"JapanDesignNet"	http://www.japandesign.ne.jp
	日本国际设计俱乐部	http://www.d-c-i.co.jp
	日本设计事业协同组合	http://www.jdb.or.jp
	日本工业设计师协会	http://www.jida.or.jp
	韩国工业设计协会	http://www.kaid.or.kr
	新加坡设计协会	http://www.designsingapore.org
	新加坡设计中心	http://www.tdb.gov.sg
	新加坡家具设计协会	http://www.singaporefurniture.com
	土耳其工业设计协会	http://www.ada.com.tr
	产品设计论坛（日本）	http://www.productdesignforums.com
	日本 Raymond Loewy 协会	http://www.raymondloewyfoundation.com
	日本创意频道	http://www.c-channel.co.jp
大洋洲	澳大利亚综合设计协会	http://www.dia.org.au
	澳大利亚生态设计协会	http://www.edf.edu.au
非洲	南非设计协会	http://www.designinstitute.org

7.2 国外设计杂志

国外设计杂志列举见表 7-2。

表 7-2 国外设计杂志（按字母排序）

杂志名称	网 址	内容简介	语言
《AXIS》	http://www.axisinc.co.jp	产品设计	日文 英文
《Auto & Design》	http://www.autodesignmagazine.com	著名意大利汽车造型设计杂志	英文 意文
《car styling》	http://www.carstyling.co.jp	汽车设计	日文 英文
《communication arts》	http://www.commarts.com	平面设计、交互设计	英文
《computer arts》	http://www.commarts.com	计算机艺术	英文
《Designers Digest》	http://www.designers-digest.de	德国设计杂志	德文 英文
《domus》	http://www.domusweb.it	空间、产品设计	英文
《form》	http://www.form.de	德国权威的设计刊物，艺术设计	德文
《Graphic Design USA》	http://www.gdusa.com	平面设计	英文
《How design》	http://www.howdesign.com/	平面设计	英文
《ID》 (Industrial Design)	http://www.idonline.com	美国专业工业设计刊物	英文
《icon》	http://www.icon-magazine.co.uk	建筑空间、产品设计	英文
《idea magazine》	http://www.ideamagazine.net	产品设计	英文
Innovation	http://www.innovationmagazine.com	美国工业设计师协会会刊	英文
《interior motives》	http://www.interiormotivesmagazine.com	汽车内饰设计	英文
《interuors sources》	http://www.ideamagazine.net	空间设计、产品设计	英文
《Metropolis》	http://www.metropolismag.com	空间设计、产品设计	英文
《INTERIOR DESIGN》	http://www.interiordesign.net	室内空间设计	英文
《popsci》	http://www.popsci.com	大众科技	英文
《print》	http://printmag.com	平面设计	英文
《this is a magazine》	http://www.thisisamagazine.com	一本完全的网络杂志，平面设计	英文
《wallpaper*》	http://wallpaper.com	建筑空间设计、产品设计	英文

7.3 国外艺术中心、美术馆、博物馆网址

国外艺术中心、美术馆、博物馆网址列举见表 7-3。

表 7-3 国外艺术中心、美术馆、博物馆网址

名 称	网 址
法国卢浮宫美术馆	http://www.paris.org

续表

名　　称	网　　址
法国蓬皮杜艺术中心	http://www.cnac-gp.fr
法国毕加索纪念馆	http://www.paris.org
英国伦敦国家艺术馆	http://www.nationalgallery.org
英国维多利亚和艾伯特博物馆	http://www.vam.ac.uk
英国伦敦博物馆	http://www.museum-london.org
英国伦敦工业设计博物馆	http://www.designmuseum.org
波士顿国际美术展	http://www.bifas.net
大英博物馆	http://www.thebritishmuseum.ac.uk
法兰克福美术馆	http://www.dlgallery.com
荷兰阿姆斯特丹伦勃朗博物馆	http://www.rembrandthuis.nl
丹麦刘易斯安纳现代艺术博物馆	http://www.louisiana.dk
芬兰国家美术馆	http://www.fng.fi
西班牙达利美术馆	http://www.dalimuseum.yeah.net
俄罗斯国立美术馆	http://www.hermitagemuseum.org
俄罗斯博物馆	http://www.museum.ru
日本京都国家博物馆	http://www.kyohaku.go.jp
日本艺术画廊	http://www.art-japan.com
日本德川美术馆	http://www.cjn.or.jp
日本工业设计师协会博物馆	http://jida-dm.syncline.jp
新加坡豪盛华文网	http://www.oceanet.com
新加坡文化艺术古迹行网站	http://www.singaporeartsnculture.com
美国国家艺术博物馆	http://www.nmaa.si.edu
美国国际摄影艺术博物馆	http://www.intangible.org
美国国家妇女艺术博物馆	http://www.nmwa.org
纽约都市艺术博物馆	http://www.metmuseum.org
纽约现代艺术博物馆	http://www.moma.org
费城艺术博物馆	http://www.libertynet.org
洛杉矶现代艺术博物馆	http://www.moca-la.org
旧金山亚洲艺术博物馆	http://www.asianart.org
旧金山美术馆	http://www.famsf.org
休斯敦艺术博物馆	http://www.mfah.org
华盛顿国家画廊	http://www.nga.gov
加利福尼亚摄影博物馆	http://www.cmp1.ucr.edu
诺顿西蒙博物馆	http://www.nortonsimon.org
底特律艺术馆	http://www.dia.org
费城艺术博物馆	http://www.libertynet.com
曼彻斯特城市艺术馆	http://www.cityartgalleries.org
丹佛艺术博物馆	http://www.denverartmuseum.org

续表

名　　称	网　　址
雕塑中心	http://www.sculpturecenter.org
联机艺术馆	http://www.sito.org
国际雕刻艺术中心	http://www.sculpture.org
大都会博物馆	http://www.metmuseum.org
安迪沃霍尔博物馆	http://www.clpgh.org
加拿大文明博物馆	http://www.civilization.cn
悉尼博物馆	http://www.mos.nsw.gov.au
悉尼当代艺术博物馆	http://www.mca.com.au
悉尼 Powerhouse Museum 博物馆	http://www.phm.gov.au
澳洲国立博物馆	http://www.nga.gov
澳大利亚维多利亚国立艺术馆	http://www.ngv.gov
新南威尔士艺术馆	http://www.artgallery.nsw.gov
广场画廊	http://www.tamsquare.com
国际摄影艺术馆	http://www.sentex.net
阿格法摄影美术馆	http://www.agfaphoto.com
网上艺术	http://www.art.net
后印象美术馆	http://www.afterimagegallery.com

7.4　国外公司、企业网址

国外公司、企业网址列举见表 7–4。

表 7–4　国外公司、企业网址

地区	单　位　名　称	网　　址
欧洲	飞利浦设计中心	http://www.design.philips.com
	百灵国际家电企业	http://www.braun.com
	英国 Mayhem 小产品设计生产商	http://www.ikea.com
	英国欧西亚产品制造公司	http://www.oregonscientific.com
	英国 Triumph 摩托	http://www.triumph.co.uk
	IKEA 宜家国际连锁	http://www.mayhemuk.com
	荷兰 Artifort 家具设计公司	http://www.artifort.com
	德国莫诺设计公司	http://www.mono.de
	德国宝马汽车、摩托公司	http://www.bmw.com
	德国 Koziol 小产品创意设计	http://www.koziol.de
	德国 Hogri 不锈钢小产品	http://www.hogri.com
	德国 Vitra 家具	http://www.vitra.com
	德国维佛设计公司	http://www.via4.com
	德国，瑞士 Smart 汽车	http://www.smart.com

续表

地区	单位名称	网址
欧洲	瑞士 Tatooo 汽车	http://www.tatooo.com
	瑞士 Swatch 手表	http://www.swatch.com
	瑞士雷达手表	http://www.rado.com
	瑞士勃敦餐具设计公司	http://www.bodum.com
	瑞士 EVA 独立设计制造商	http://www.evasolo.com
	意大利阿莱西设计公司	http://www.alessi.it/flash.htm
	意大利 Italjet 摩托	http://www.italjet.com
	意大利 Aprilia 摩托	http://www.aprilia.com
	意大利比亚乔摩托	http://www.piaggio.com
	意大利 Pagani 汽车	http://www.paganiautomobili.it
	意大利 Gessi 卫浴公司	http://www.gessi.it
	意大利 Around 公司	http://www.around.it
	意大利 DB 工艺与设计公司	http://www.dbdsrl.it
	法国 Matra 汽车	http://www.matra.com
	法国雪铁龙汽车	http://www.citroen.fr/accueil.php
	法国标致汽车	http://www.peugeot.com
	法国 Side-bike 摩托	http://www.side-bike.com
	法国 ADDEX 设计	http://www.addex-design.com
	法国 Cargobike 摩托	http://www.cargobike.com
	丹麦 CBD 设计公司	http://www.cbd.dk
	丹麦 Louis Poulsen 灯具设计	http://www.louis-poulsen-international.com
美洲	加拿大 T-REX 概念车	http://www.go-t-rex.com
	青蛙设计公司	http://www.frogdesign.com
	美国俄勒岗科技产品公司	http://www.oregonscientific.com
	美国 Bang & Olufsen 国际家电企业	http://www.bang-olufsen.com
	美国提格设计公司	http://www.teague.com
	美国耐克 Nike 服饰用品	http://www.nike.com
	美国 Oakley 现代服饰用品	http://www.oakley.com
	美国 Metrokane 餐具设计公司	http://www.metrokane.com
	美国 RIO(MP3) 产品	http://www.digitalnetworksna.com
	美国流金岁月音响产品	http://www.tivoliaudio.com
	桔皮设计销售网（芝加哥）	http://www.orangeskin.com
亚洲	日本 Sony 电子	http://www.sony.com
	日本 Aiwa 电子	http://www.aiwa.com
	日本日立设计中心	http://www.hitachi.co.jp
	日本卡西欧电子	http://www.casio.com
	日本 JVC 电子	http://www.jvc.com
	日本 TOYOTA 汽车	http://www.toyota.com

续表

地区	单位名称	网址
亚洲	日本 Honda 汽车	http://www.honda.com
	日本 NISSAN 汽车	http://www.nissanusa.com
	日本三菱汽车设计中心	http://www.rivet.co.jp
	日本创宇国际股份设计公司	http://www.a-stream.info
	日本 IDEE 家具设计公司	http://www.idee-online.com
	日本 GK 设计公司	http://www.gk-design.co.jp
	日本 01 工业设计株式会社	http://www.01-design.co.jp
	日本 Wilkhahn 家具设计公司	http://www.wilkhahn.co.jp
	日本 GE 塑料制品公司	http://www.geplastics.co.jp
	韩国三星电子	http://www.samsung.com
	韩国 KODAS 工业设计公司	http://kodasdesign.com
	韩国 WooingJingCoway 公司	http://www.coway.com
	韩国“第三只眼”工业设计	http://www.thirdeyeinc.net
大洋洲	澳大利亚 AR 产品设计公司	http://www.ardesign.com

7.5 国外设计院校

国外设计院校列举见表 7-5。

表 7-5 国外设计院校

地区	院校名称	网址
欧洲	英国艺术大学	http://www.arts.ac.uk
	英国皇家设计学院	http://www.rca.ac.uk
	英国圣马丁设计学院	http://www.csm.arts.ac.uk
	德国媒体艺术学院	http://www.khm.de
	丹麦设计学院	http://www.dkds.dk
	赫尔辛基艺术与设计学院	http://www.uiah.fi
美洲	芝加哥艺术学院	http://www.artic.edu
	罗德岛设计学院	http://www.risd.edu
	耶鲁大学	http://www.yale.edu
	卡内基大学设计学院	http://www.cmu.edu
	爱荷华大学艺术与艺术史学院	http://www.uiowa.edu
	设计艺术中心学院	http://www.artcenter.edu
	加州艺术与工艺学院	http://www.cca.edu/index.htm
	马里兰大学艺术学院	http://www.mica.edu
	旧金山艺术学院	http://www.sfai.edu
	视觉艺术学院	http://www.schoolofvisualarts.edu
	新墨西哥大学设计学院	http://www.unm.edu

续表

地　区	院校名称	网　址
美洲	麻省设计学院	http://www.massart.edu
	美国缅因美术学院	http://www.meca.edu
大洋洲	悉尼技术大学	http://www.dab.uts.edu.au
	澳洲皇家理工学院	http://www.rmit.edu.au
亚洲	日本名古屋造型艺术大学	http://www.doho.ac.jp
	日本名古屋艺术大学	http://www.nua.ac.jp
	日本爱知县立艺术大学	http://www.aichi-fam-u.ac.jp
	新加坡南洋理工大学	http://www.nyp.edu

参考文献

[1] 李通 . 设计程序：工业设计流程与方法 [M] . 天津 : 天津大学出版社，2007.

[2] 杨宁斌 . 故事板在产品设计过程中的应用 [J] . 美与时代：下半月，2009（7）. .

[3] 吴翔 . 产品系统设计 : 产品设计 2 [M] . 北京 : 中国轻工业出版社，2000.

[4] 江杉 . 产品设计程序与方法 [M] . 北京 : 北京理工大学出版社，2009.

[5] 崔天剑，李鹏 . 产品形态设计 [M] . 南京 : 江苏美术出版社，2007.

[6] 陈炬 . 产品形态语意 [M] . 北京 : 北京理工大学出版社，2008.

[7] 吴蔚 . 直面市场不成熟多功能产品主导消费电子未来 [J] . 中国计算机报，2008（3）.

[8] 但斌等 . 大规模定制——打造 21 世纪企业核心竞争力 [M] . 北京 : 科学出版社，2002.

[9] 罗仕鉴，朱上上，冯骋 . 面向工业设计的产品族设计 DNA [J] . 机械工程学报，2008，44（7）.

[10] 罗仕鉴，朱上上 . 工业设计中基于本体的产品族设计 DNA [J] . 计算机集成制造系统，2009（2）.

[11] 李若楠 . 以顾客需求为导向的产品定制化实施策略 [J] . 商场现代化，2008（15）.

[12] 袁清珂 . 客户驱动个性化产品定制系统的研究 [J] . 组合机床与自动化加工技术，2002（9）

[13] 王剑，徐国良 . 价值工程实务 [M] . 大连 : 大连理工大学出版社，2009.

[14] 彭岳华 . 并行工程——面向产品的全生命周期的设计 [J] . 中国汽车制造，2007（2）.

[15] 刘美霞，首天成，王东 . 基于并行工程理念的产品设计方法研究 [J] . 现代机械，2009（5）.

[16] 马万太，王宁生 . 并行工程下集成设计框架的研究 [J] . 航空学报，1999（2）.

[17] 胡大云，周恒 . 产品设计的经济性分析 [J] . 中国新技术新产品，2009（24）.

[18] 沈法 . 现代产品设计 [M] . 北京：人民美术出版社，2009.

[19] 吴继新 . 工业设计基础 [M] . 杭州：中国美术学院出版社，1996.

[20] 张道一 . 工业设计全书 . 南京：江苏科学技术出版社，1994.

[21] 李亦文 . 产品开发设计 [M] . 南京：江苏美术出版社，2008.

[22] 王受之《世界现代设计史》[M] . 北京：中国青年出版社，2002.

[23] 黄厚石，孙海燕 . 设计原理 [M] . 南京：东南大学出版社，2006.

[24] [美] 斯塔夫理阿诺斯著，董书慧，王昶，徐正源译 . 全球通史（下册）[M] . 北京：北京大学出版社，2005.

后　记

从书稿的写作思路的形成，到最终敲定可谓费了不少周折，其实早有写作的打算，因为看到近些年来中国工业设计的迅猛发展，逼迫工业设计教育也必须跟上发展的大潮。再就是笔者近十年工业设计教育的体会也想做一下总结，算是对自己“老师”这个称谓最好的慰藉。十年磨一剑，亲历山东科技大学工业设计专业的成长，自 2001 年招生至今，十年间从本科到硕士，直至山东省第一个设置的工业设计博士点的申报成功；从一个普通的本科专业到成为山东省特色专业、山东省文化艺术科学“十二五”重点学科，其中自知酸甜苦辣。此书的出版也算是一个纪念吧。

为保证出版质量，本书中应用了本人主持的全国商科教育科研“十二五”规划课题《现代工业设计职业教育体系研究》（项目编号 SKKT-12143）、山东省文化艺术科学重点课题《山东工业设计创新环境及其影响力构建研究》（立项号 2011175）及承担的山东省教育科学“十二五”规划课题《知识产权教育对工科学生职业素质提升的实证性调查及分析》（项目编号 2011GG093）、山东省教育厅人文社会科学研究项目《基于非物质设计下工业设计可持续发展对社会经济推动作用的研究》（项目编号：J09WB09），肖慧主持的山东省高等学校人文社会科学研究项目《情趣化元素在当代设计艺术中的应用》（立项号 J10WJ57）、山东省艺术科学重点课题《黄河三角洲民间美术视觉符号的传承与应用研究》（项目编号 2012352）、山东科技大学教育教学研究“群星计划”重点项目《“跨界合作”思维下的工业设计人才培养模式研究》（项目编号 qx2013131）的部分最新研究成果。

受邀参与编写的同仁都是本学科建树丰硕的精英才俊，说服他们拿出大段的时间写作是何等的不易。最终成就此书他们功不可没。最后感谢我的父母妻儿，他们为我的工作与生活付出的太多了！感谢山东科技大学工业设计系同学在图片收集、资料整理中所做的工作。希望我们热爱的工业设计蓬勃发展！如果读者在书中能“偶有所得”便是我最大的愿望。

王俊涛于青岛凤凰岛灵珠山下

2014 年 3 月补记

本册主编简介

王俊涛，男，山东济南人。现任山东科技大学艺术与设计学院科研办主任、工业设计系副主任。

山东省第一批“工业设计”博士点、山东省文化艺术“十二五”重点学科、山东省特色专业“工业设计专业”、山东省名校工程建设校内重点建设专业、中央与地方共建实验室重点建设单位负责人之一。山东省“优秀设计师”（山东省经信委）。

兼任：中国机械工程学会工业设计委员会第六届全国委员（2011—2015）、中国工业设计协会会刊《设计》杂志学术研究共建单位联系人、山东省大学生实习实训中心艺术类专业指导委员会委员、山东（济南）工业设计学会常务理事。

工业设计作品入选“第十一届全国美展”（文化部、中国文联、中国美协）、论文《基于竹文化的产品设计开发》(英文、ISTP 检索)，获“中国工业设计发展十年优秀论文评选活动”论文奖（中国工业设计协会）、IDAA 第四届国际美术设计大奖赛金奖（国际设计师美术家协会）、2011 世界设计大会（台北）银奖 2 项（台湾中华民国美术设计协会、台湾形象策略联盟等）、全国博物馆文化产品创意设计铜奖（中国博物馆协会）、故宫文化产品创意设计大赛 6 项大奖（故宫博物院）等，为政府、企业设计开发产品 200 余项。

主要承担全国商科“十二五”规划课题《现代工业设计职业教育体系研究》、山东省教育科学“十二五”规划课题《知识产权教育对工科学生职业素质提升的实证性调查及分析》、山东省软科学课题《工业设计创意产业推动山东半岛蓝色经济区建设发展策略研究》、山东省艺术科学重点课题《山东工业设计创新环境及其影响力建设研究》等纵向课题 10 余项。担任主编的教材计 6 部、担任副主编的教材计 7 部，EI、ISTP 检索论文 7 篇，授权实用新型专利 6 项。获得奥组委、文化部等国家级、省级一二三等奖 20 余项。主持《工业设计人才“艺术 + 实践 + 专利”培养模式的构建与实施》获第七届山东省高等教育教学成果奖，三等奖（山东省教育厅）。